맛있는 요리를 만드는 레시피가 있는 것처럼 웃음, 힐링, 성장을 만드는 레시피도 있을까요?
레시피팩토리는 모호함으로 가득한 이 세상에서 당신의 작은 행복을 위한 간결한 레시피가 되겠습니다.

요니의
밀프렙 샐러드 습관

“한 끼만 샐러드로 바꾼 작은 실천이
어느새 건강한 라이프스타일이 되었습니다”

시작은 정말 우연이었어요. 로푸드와 디톡스에 대해
알게 되었을 때, 별다른 기대 없이 그저 호기심에 무작정
따라 했습니다. 그런데 2주일쯤 지나자 몸이 달라지기
시작했어요. 아침에 일어났을 때의 개운함, 오후에도
지치지 않는 체력, 거울 속 맑아진 피부. 무엇보다 오랫동안
저를 괴롭혔던 생리 불순이 사라지는 경험이었습니다.
몸이 이렇게 빠르게 반응할 수 있다는 게 신기했고,
그 놀라운 변화를 겪으며 자연스럽게 샐러드와 채소 중심
식사에 깊은 관심이 생겼어요.

많은 사람들이 샐러드를 떠올리면 다이어트할 때 억지로
먹는 음식, 또는 배고픔을 참아야 하는 가벼운 한 끼 정도로만
생각합니다. 저도 처음에는 그랬어요. 하지만 직접 경험해보니,
하루 세 끼 중 단 한 끼만 샐러드로 바꾸는 작은 실천은
제가 생각하는 것보다 훨씬 더 큰 변화를 만들어냈습니다.
체중 감량이라는 단순한 목표를 넘어 몸의 건강, 마음의 안정,
그리고 일상의 질까지 바꾸는 힘이 있었어요.

그러다보니 자연스럽게 제철 채소를 즐기게 되었고,
미리 채소를 씻고 손질하는 주말 밀프렙 시간이 어느새
명상 같은 힐링 타임이 되었어요. 건강한 식재료를 고르는 게
소소한 취미가 되었고, 한 주의 식단을 계획하고 건강한 집밥을
만드는 과정 자체가 나를 돌보는 시간이 되었습니다.
하지만 건강한 식단을 실천하고 싶어도 매번 채소를 손질하고
물기를 제거하는 일이 생각보다 시간이 많이 걸리더라고요.
식사 때마다 매번 채소를 씻고, 다듬고, 물기 빼고, 그릇에

담는 과정을 반복하다 보면 금방 지쳐버리곤 했어요.

그래서 저는 샐러드 밀프렙(Meal prep)으로 이 문제를
해결했어요. 샐러드를 미리 준비해 밀폐용기에 소분해 두는
거예요. 그러면 바쁜 평일 아침에도 5분이면 신선한 샐러드
한 그릇을 뚝딱 만들 수 있어요. 처음엔 이게 정말 신선함을
유지할 수 있을까? 걱정했는데, 제대로 손질하고 보관하면
일주일 내내 아삭아삭한 채소를 즐길 수 있더라고요.

또한 밀프렙의 큰 장점은 선택의 피로를 줄여준다는 거예요.
매 끼니마다 오늘 뭐 먹지? 고민하며 쓰는 시간과 에너지가
줄어드니 건강한 식습관을 유지하는 게 훨씬 수월해졌어요.

가장 중요한 건 나에게 맞는 방식을 찾는 거예요.
5일치 밀프렙이 부담스럽다면 이틀치만 준비해도 좋고,
채소만 미리 손질하고 나머지는 당일에 준비해도 괜찮아요.
시간이 없는 날엔 간단하게, 여유로운 날엔 정성껏, 그렇게
유연하게 접근하면 됩니다. 작은 시작이 큰 변화를 만듭니다.
거창한 결심이나 완벽한 계획 없이도 괜찮아요.

이번 주말은 장 볼 때 좋아하는 채소 몇 가지를 더 담아보는 건
어떨까요? 그 작은 선택이 모여 한 달이 되고, 석 달이 되고,
어느새 라이프스타일이 됩니다.

2026년 3월, 이미연(요니) ───────────

CONTENTS

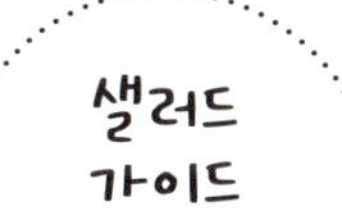

샐러드 가이드

SALAD GUIDE

봄 샐러드

SPRING

이 책의 모든 레시피는요!

✓ 표준화된 계량도구를 사용했습니다.

- 1컵은 200㎖, 1큰술은 15㎖, 1작은술은 5㎖ 기준입니다.
- 계량도구 계량 시 가루류는 윗면을 평평하게 깎아서, 액체류는 찰랑찰랑 담길 때까지 담아야 정확합니다.
- 밥숟가락은 보통 12~13㎖로 계량스푼(큰술)보다 작으니 감안해서 조금 더 넉넉히 담아야 합니다.

✓ 채소, 과일, 해산물은 중간 크기를 기준으로 제시했습니다.

- 양파, 당근, 오이, 단호박 등 개수로 표시된 채소는 너무 크거나 작지 않은 중간 크기를 기준으로 개수와 무게를 표기했습니다.

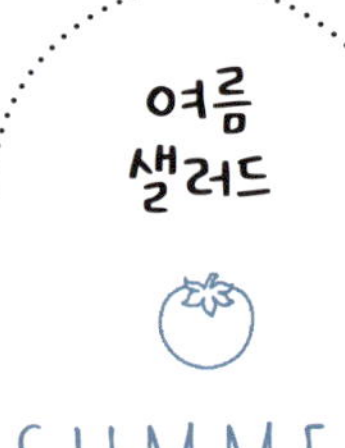

여름
샐러드

SUMMER

가을
샐러드

FALL

겨울
샐러드

WINTER

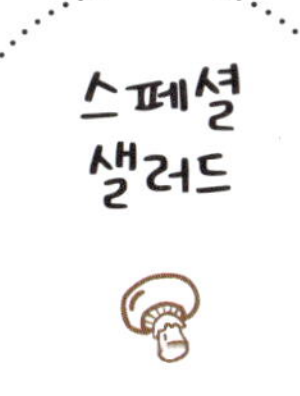

스페셜
샐러드

SPECIAL

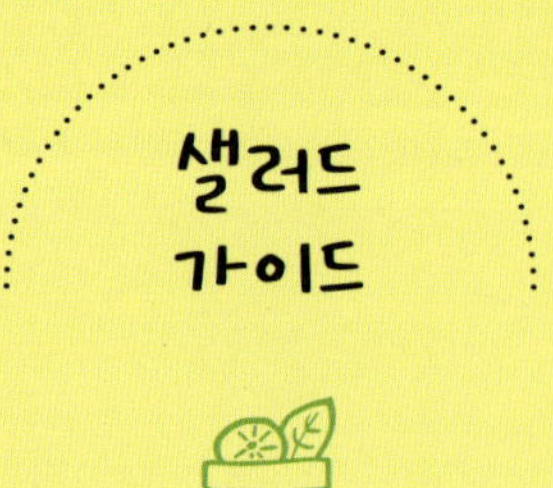

SALAD GUIDE

건강한 식습관을 위한 밀프렙(Meal-prep) 샐러드를 소개합니다.

밀프렙 샐러드는 한 번에 3~5일치를 미리 준비해

냉장 보관해두었다가 바로 먹을 수 있는 간편식입니다.

제대로 준비할 수 있는 노하우와

건강하면서도 맛있는 샐러드를 구성하는 방법까지 알려드립니다.

하루 한 끼 샐러드 습관이 가져오는
놀라운 변화

건강을 위해, 다이어트를 위해 샐러드 식사를 시작하려 하나요?
식습관의 변화로 삶의 질이 달라지는 경험을 하게 될 것입니다.
하루 한 끼 샐러드 식사로 인한 긍정적인 변화의 모습을 상상하며 도전해보세요.

1 —— 영양 밸런스가 달라집니다

하루 한 끼 샐러드 습관은 부족했던 채소 섭취량을 채우는 가장 확실하고
효율적인 방법입니다. 현대인의 채소 섭취량은 권장량에 비해 부족한
경우가 많지만, 샐러드는 다양한 식재료를 한 그릇에 담아낼 수 있는
훌륭한 대안이 됩니다. 신선한 잎채소부터 단단한 뿌리채소, 제철 과일과
통곡물까지. 샐러드로 풍부한 식이섬유와 비타민, 미네랄을 간편하게
보충할 수 있습니다.

2 —— 장내 환경이 좋아져 몸과 마음까지 건강해집니다

채소의 풍부한 식이섬유는 장내 유익균의 먹이가 되어 미생물 생태계를
건강하게 가꿔줍니다. 장 건강은 단순히 소화 기능을 넘어 면역력,
피부 상태, 심지어 정서적인 안정과도 밀접하게 연결되어 있습니다.
실제로 샐러드 습관을 꾸준히 유지하면 '속이 편안해졌다', '피부가
맑아졌다', '기분이 한결 안정적이다'와 같은 긍정적인 변화를 체감하게
됩니다. 오늘 먹는 샐러드 한 그릇이 10년, 20년 후의 나를 지켜주는
든든한 방어막이 되어줄 것입니다.

3 ——— 체중과 컨디션이 가벼워집니다

샐러드는 열량이 낮지만 포만감은 훌륭한 식단입니다. 기름진 음식이나
과도한 탄수화물 위주의 식사를 멈추고, 채소와 질 좋은 단백질로 채워진
샐러드로 바꿔보세요. 소화의 부담이 줄어드는 것은 물론, 몸이 한결
가벼워지는 것을 느낄 수 있습니다. 몇 주간의 실천만으로도 아침의 부기가
가라앉고, 오후의 피로감이 줄어드는 변화가 찾아옵니다. 특히 점심 식사를
샐러드로 대체하면 식후 몰려오던 식곤증 대신, 오후 업무에 몰입할 수
있는 맑은 집중력을 얻게 될 거예요.

4 ——— 생활 루틴이 정돈됩니다

하루 한 끼를 샐러드로 정해두면 일상의 식사 루틴이 놀라운 정도로
단순해집니다. 매 점심시간마다 '오늘 뭐 먹지?' 고민하며 식당을 헤매는
대신, '나는 점심에 샐러드를 먹는다'는 작은 원칙 하나가 하루를 훨씬
심플하게 만들어 주기 때문입니다. 아침마다 메뉴를 고민하며 시간을
보내거나, 퇴근길 배달 앱을 무의미하게 스크롤하는 피로감도
자연스럽게 사라집니다. 주말이나 저녁에 미리 샐러드를 준비하는
밀프렙(Meal-prep)을 시작해보세요. 식사 계획이 미리 세워져 있으면
메뉴 선택에 드는 에너지가 줄어드는 것은 물론, 불필요한 외식 비용까지
절약할 수 있습니다.

5 ——— 나를 돌보는 마음, 심리적 성취감을 선물합니다

샐러드 한 그릇은 단순한 식사를 넘어, 나를 소중히 돌보고 있다는
긍정적인 메시지를 스스로에게 전하는 과정입니다. 바쁜 일상 속에서
오로지 나를 위한 시간을 내기란 생각보다 쉽지 않죠. 하지만
하루 한 끼, 샐러드를 실천하는 것만으로도 나를 아끼는 가장 확실한
'자기 돌봄(Self-care)'을 경험할 수 있습니다. 오늘도 나를 위해
좋은 선택을 했다는 작은 의식들이 쌓이면, 어느새 우리의 하루는
이전보다 더 단단하고 의미 있는 시간들로 채워질 것입니다.

꾸준한 샐러드 습관을 위한
5가지 원칙

건강한 식습관을 위해 샐러드를 먹겠다고 다짐하지만, 며칠 못 가 포기하는 경우가 많습니다.
왜 그럴까요? 샐러드를 참고 먹는 건강식으로만 생각하기 때문입니다. 하지만 올바른 원칙만 알면,
샐러드는 맛있고 든든하며 지속 가능한 한 끼 식사가 될 수 있습니다.

✓ 언제 먹을까? 나에게 딱 맞는 '골든 타임' 선택하기

샐러드를 언제 먹느냐는 생각보다 중요합니다. 자신의 생활 패턴과
목표에 맞는 시간을 선택해야 습관으로 자리 잡을 수 있기 때문입니다.
가장 추천하는 시간은 점심입니다. 신선한 채소와 단백질이 어우러진
샐러드는 몸에 안정적인 에너지를 공급하며, 혈당을 급격히 올리지 않아
식곤증을 막아줍니다. 소화의 부담이 적어 몸이 한결 가벼워지고
오후 내내 맑은 정신과 활력이 유지해 줍니다. 이렇게 점심에 채워진
건강한 포만감은 자연스럽게 오후 간식의 유혹까지 줄어들게 합니다.

✓ 단백질은 반드시 챙기기

샐러드를 먹고 난 후 금세 배가 고파 다시 간식을 찾게 된다면,
단백질이 부족했기 때문입니다. 채소로 비타민과 식이섬유를
충분히 얻을 수 있지만, 한 끼 식사로 에너지 지속력을 유지하기에는
한계가 있습니다. 단백질은 샐러드를 한 끼 식사로 완성시키는
핵심 재료입니다. 식이섬유보다 소화 속도가 느려 포만감을 오래
유지해줄 뿐만 아니라, 근육을 보호하고 신진대사를 안정적으로 돕는
필수 영양소이기도 합니다.

✓ 계절별로 다양한 채소와 과일 활용하기

계절별로 다양한 채소와 과일을 적극 활용하면 샐러드를 훨씬 풍성하게
즐길 수 있습니다. 기본 구성은 같더라도, 제철 식재료를 사용하느냐에 따라
신선도와 맛의 깊이가 달라집니다. 제철 재료는 영양가가 높고
가격 부담도 적을 뿐 아니라, 그 계절만의 향과 식감을 그대로 담고 있습니다.
제철 식재료를 잘 활용하는 것만으로도 샐러드를 지루하지 않게, 오래도록
즐길 수 있는 힘이 생깁니다.

✓ 드레싱은 가볍고 건강하게 준비하기

건강한 샐러드가 순식간에 고칼로리 식사로 바뀌는 가장 큰 원인은
드레싱입니다. 시판 드레싱에는 맛을 내기 위한 설탕과 액상과당, 과도한
나트륨은 물론, 유통기한을 늘리기 위한 각종 첨가물이 다량 포함되어 있기
때문입니다. 특히 저렴한 정제유로 만들어진 드레싱은 채소의 신선한 맛을
가리고, 식사 후 몸을 무겁게 만들기 쉽습니다. 샐러드를 건강하고 가볍게
즐기고 싶다면, 드레싱을 직접 만들어보세요. 자극적인 맛 대신 재료 본연의
풍미를 온전히 느낄 수 있습니다. 처음에는 다소 심심하게 느껴질 수 있지만,
익숙해질수록 채소의 섬세한 맛이 살아나고 몸이 편안해지는 건강한 맛을
자연스럽게 더 선호하게 될 것입니다.

✓ 밀프렙(Meal-prep)으로 습관화하기

매일 아침저녁으로 채소를 씻고 손질하는 일은 생각보다 쉽지 않습니다.
바쁜 아침이나 피곤한 저녁, 번거로운 준비 과정 앞에서 하루 이틀 미루다 보면
어느새 건강한 식습관도 흐지부지되기 마련입니다. 이럴 때 가장 효과적인
해결책이 바로 밀프렙(Meal-prep)입니다. 밀프렙은 식사를 미리 준비해두는
방식으로, 매일 즉석에서 만드는 대신 주말이나 여유 있는 날을 정해
3~5일 치를 한꺼번에 준비하는 것입니다. 정성 들여 준비한 밀프렙은
바쁜 일상 속에서도 건강한 식단을 지켜주는 든든한 지원군이 되어줄 것입니다.

밀프렙 Meal prep 의 모든 것

밀프렙은 단순히 시간을 아끼는 방법이 아니라, 의지력을 지켜주고 건강한 습관을
지속하게 만드는 가장 확실한 방법입니다. 샐러드 밀프렙이 처음이라면 찬찬히 따라와 주세요.
준비물부터 밀프렙 계획까지 함께 알려드립니다.

[밀프렙 샐러드를 만들기 전 미리 준비하세요!]

① 밀프렙 주기 정하기 : 3일 준비 vs 5일 준비

가장 먼저 결정해야 할 것은 준비 주기입니다. 매일 요리하자니 번거롭고,
일주일치를 한 번에 만들자니 신선도가 걱정되죠. 일정을 계획하는 일은 식재료의 신선도,
맛의 유지, 냉장고 공간, 그리고 무엇보다 꾸준히 지속할 수 있는가에 직결되는 중요한
결정입니다. 결국 정답은 나의 라이프스타일에 있습니다. 주중에 요리할 여유가
조금이라도 있는지, 식재료 신선도에 예민한 편인지, 냉장고 공간은 넉넉한지 등
이런 질문들에 답하다 보면 자연스럽게 나만의 밀프렙 리듬이 보일 거예요. 처음이라면
3일로 먼저 시작해보고 익숙해지면 5일로 늘리는 것도 좋은 전략입니다.
중요한 건 완벽한 계획이 아니라, 지속 가능한 루틴을 만드는 것이니까요.

주기	3일 준비	5일 준비
장점	• 채소, 단백질이 더 신선하다. • 채소가 무르거나 드레싱이 스며드는 시간이 적어 맛이 깔끔하다. • 조금씩 메뉴 변화를 줄 수 있어 질리지 않고 먹을 수 있다.	• 주 1회만 투자하면 되므로 시간을 절약할 수 있다. • 꾸준한 샐러드 습관 유지에 유리하다.
단점	• 주 2회 이상 시간을 투자해야 한다.	• 4~5일 차에는 채소가 숨이 죽거나 식감이 떨어질 수 있다.
이런 분에게 추천!	• 신선한 식감을 최우선으로 여기는 분 • 아직 밀프렙이 낯선 초보자	• 평일에 요리할 시간이 없는 직장인 • 밀프렙 경험이 많아 보관과 관리에 익숙한 숙련자

② 밀프렙 용기 정하기 : 보틀 크기와 형태

밀프렙 주기를 정했다면 3, 5일에 맞춰 용기를 준비해야 합니다.
샐러드 밀프렙의 성패는 용기 선택과 보관 방법에 달려 있습니다.
아무리 신선한 채소를 준비해도 잘못 보관하면 하루 만에 시들고, 반대로 제대로 보관하면
일주일도 싱싱하게 유지됩니다. 지금부터 실전에서 검증된 보관 노하우를 단계별로
알려드릴게요. 자신에게 좀 더 맞는 용기로 선택해 준비하세요.

보틀형 580ml (소식하는 분, 간식용)	보틀형 850ml (한 끼 식사용, 가장 추천)	사각 밀폐용기 650ml (도시락용)
• 한 손에 들어오는 크기로 휴대가 편리합니다. • 아침 샐러드나 간단한 반찬 샐러드로 적합합니다. • 사무실 책상에 두고 먹기 좋은 사이즈입니다.	• 샐러드 한 끼 분량으로 딱 맞는 크기입니다. • 잎채소, 단백질, 채소, 견과류까지 넉넉히 담을 수 있습니다. • 투명한 용기를 선택하면 층층이 쌓인 샐러드가 보여 식욕을 자극합니다.	• 보틀보다 넓어서 채소를 펼쳐 담을 수 있습니다. • 여러 재료를 구역별로 나눠 담기 좋습니다. • 밀폐력이 좋아 출근길에 가방에 넣어도 새지 않습니다. • 전자레인지 사용 가능한 제품을 고르면 단백질을 데워 먹을 수도 있습니다. • 쌓아서 보관하기 편해 냉장고 공간 활용도가 높습니다.

> **Tip 용기 선택 팁**
>
> • 처음 시작한다면 850ml 보틀 3~5개를 구매하세요.
> • 유리 용기는 무겁지만 냄새가 배지 않아 오래 씁니다.
> • 플라스틱 용기를 구입한다면 BPA-free 제품을 선택하세요.
> • 사각 밀폐용기를 선택한다면 가장 밀폐력이 좋은 뚜껑이 잠금식인 제품을 추천합니다.

밀프렙 샐러드 공식 5단계

밀프렙 샐러드는 바쁜 아침에도 5분이면 완성되는 간편한 한 끼 식사예요.
하지만 아무렇게나 재료를 담으면 금방 눅눅해지거나 상할 수 있어요.
비결은 바로 재료를 넣는 순서에 있습니다. 이 5단계 법칙만 기억하면 누구나 실패 없이 만들 수 있고,
냉장고에 보관해두면 3~5일간 신선함을 유지할 수 있어요.
실패하지 않고 준비하는 방법을 모두 알려드립니다. 또한 맛있게 먹는 방법도 소개합니다.

[만들기]

1단계 —— 드레싱 넣기

병 바닥에 드레싱을 가장 먼저 넣습니다. 드레싱이 제일 아래에 있어야
다른 재료들이 눅눅해지지 않아요. 먹을 때 병을 흔들거나 접시에 쏟으면
모든 재료에 골고루 뱁니다. 마요네즈나 넛버터 드레싱은 냉장고에서 굳을 수 있으니,
다음 단계에서 수분 많은 채소를 넣으면 자연스럽게 풀어져요.

2단계 —— 수분 많은 채소 넣기

드레싱과 만나도 괜찮은 재료들을 넣어주세요. 토마토, 양파, 오이처럼
수분이 나오는 채소나, 드레싱을 흡수하지 않는 단단한 재료를 넣어주세요.
예를 들어 양파는 드레싱과 섞이면 맛이 더 좋아집니다.

3단계 —— 메인 재료 넣기

단백질, 곡물, 치즈 등 포만감을 주는 재료를 넣어주세요. 드레싱을 흡수하기 쉬우니 단단한 채소
위쪽에 올려요. 여러 재료를 섞을 때는 무거운 재료는 아래에, 가벼운 것을 위에 넣어주세요.

4단계 —— 신선한 잎채소로 마무리하기

드레싱에 젖으면 안 되는 부드러운 잎채소나 양배추는 맨 위에 넣어주세요.
크루통처럼 수분에 약한 재료들도 가장 마지막에 올려주세요. 이렇게 하면 며칠이 지나도
아삭한 식감을 유지할 수 있어요.

5단계 —— 맛있게 먹기

드레싱과 재료들이 골고루 섞일 수 있도록 뚜껑을 덮은 채 흔든 후
밀프렙 용기 입구에 접시를 뒤집어서 덮고 다시 뒤집어 접시에 그대로 담아요.

Tip 실패하지 않는 샐러드 밀프렙 노하우

샐러드 밀프렙은 꾸준히 실천하면 평일 식사시간을 여유롭게 만들어주지만,
처음 시도할 때는 번거롭고 어렵게 느껴질 수 있습니다. 그러나 몇 가지 작은 습관만
지켜도 실패하지 않고 오래 지속할 수 있습니다.

① 일요일 저녁을 밀프렙 시간으로 정하기

매주 같은 시간에 준비하는 것이 중요합니다.
특히 일요일 저녁은 새로운 한 주를 준비하기에 가장 좋은 시간입니다.
루틴이 되면 '언제 해야 하지?' 고민할 필요 없이 자연스럽게 몸이 움직이게 됩니다.

② 한 번에 너무 많이 준비하지 않기

처음부터 5일치를 모두 만들면 오히려 부담이 됩니다. 초보자라면 우선 3일치만
준비해보세요. 신선한 재료의 맛을 지키면서도 밀프렙의 장점을 충분히 체험할 수
있습니다. 익숙해지면 본인의 생활 패턴에 맞춰 양을 늘려가면 됩니다.

③ 투명 용기 사용하기

냉장고 속에서 내용물이 잘 보이지 않으면 있는 줄도 모르고 지나치기 쉽습니다.
투명한 용기에 담아두면 한눈에 보이고, 먹어야겠다는 동기 부여가 됩니다. 여러 색깔의
채소가 담긴 용기가 가지런히 놓인 모습은 보기만 해도 건강해지는 기분을 줍니다.

④ 날짜 스티커 붙여두기

밀프렙의 또 다른 실패 원인은 '언제 만든 것부터 먹어야 하지?' 하는 혼란입니다.
이를 방지하려면 용기에 날짜 스티커를 붙여 두세요. 신선한 순서대로 먹을 수 있어
버리는 일이 줄고, 샐러드의 맛과 식감도 끝까지 유지됩니다. 밀프렙은 처음에는
다소 번거롭게 느껴지지만, 두세 번만 실천해보면 평일 식사가 얼마나 편해지는지
금세 체감하게 됩니다. 매일 채소를 씻고 손질하는 수고가 사라지고, 퇴근 후에도
건강한 식사가 바로 준비되어 있다는 사실이 큰 위안이 됩니다. 이러한 작은 습관들이
모여 샐러드 습관을 꾸준히 이어갈 수 있는 가장 강력한 힘이 되어 줍니다.

밸런스 샐러드를 위한
재료 준비 & 보관하기

샐러드는 재료 손질이 80%입니다. 기본만 알아도 밀프렙이 훨씬 수월해집니다.
기본적인 채소는 물론, 샐러드로 즐기기 좋은 단백질 재료, 통곡물까지 정리 후
손질과 보관 방법을 소개하니 미리 준비해보세요.
조금만 신경 쓰면 며칠이 지나도 아삭하고 맛있는 샐러드를 즐길 수 있어요.

기본이 되는 잎채소

아삭하고 부드러운 식감으로 샐러드의 베이스가 되는 재료입니다.
2~3가지 잎채소를 섞으면 식감과 맛이 훨씬 풍부해져요.

[종류]

로메인 상추 ——— 상추보다 아삭하고 쌉싸름한 맛이 적어 호불호가 거의 없습니다.
잎이 단단한 편이라 밀프렙용으로 보관하기 좋습니다.

양상추 ——— 수분 함량이 매우 높고 식감이 가장 아삭합니다.
샐러드의 가장 기본이 되는 잎채소입니다.
칼로 썰면 단면이 금방 갈색으로 변할 수 있으니, 가급적 손으로
큼직하게 뜯어서 넣는 것이 신선도를 더 오래 유지하는 비결입니다.

비타민 ——— 맛이 강하거나 튀지 않고 은은한 단맛이 돌아,
어떤 드레싱과 매치해도 맛이 조화롭습니다.

로메인 상추
양상추
비타민
청경채
시금치
루콜라
치커리
라디치오
적겨자
케일
미나리
참나물

청경채 ——————— 줄기 부분은 단단하고 잎 부분은 부드러워 두 가지 식감을 동시에
즐길 수 있습니다. 볶음 요리에 많이 쓰이지만,
생으로 먹으면 아삭하고 시원한 맛이 일품입니다.

시금치 ——————— 맛이 부드럽고 달큰해 데치지 않고 생으로 먹어도
다른 재료와 잘 어우러집니다.
생으로 사용할 때는 베이비 시금치를 추천합니다.

루콜라 ——————— 특유의 고소한 견과류 향과 톡 쏘는 매운맛이 있어
샐러드에 풍미를 더해줍니다.

치커리 ——————— 쌉싸름한 맛이 입맛을 돋우며, 수분이 적고 잎이 탄탄해
밀프렙 보관 시 식감이 오래 유지됩니다.

라디치오 ——————— 선명한 보라색으로 샐러드의 색감을 살려주며,
씹을수록 느껴지는 쌉쌀한 맛이 느끼함을 잡아줍니다.

적겨자 ——————— 붉은 보라색을 띠는 잎채소로, 겨자과에 속합니다.
잎 가장자리가 주름지거나 톱니 모양이며,
겨자 특유의 알싸하고 매콤한 맛이 특징입니다.

케일 ——————— 잎이 두껍고 탄탄해 드레싱에 잘 절여지지 않으며,
잘게 찢어 가볍게 주무르면 억센 식감이 부드러워지고
고소한 풍미가 살아납니다.

미나리 ——————— 독특한 향긋함이 입안을 개운하게 해주며,
육류나 해산물이 들어간 샐러드와 궁합이 좋습니다.

참나물 ——————— 한국의 대표 샐러드 채소로, 입안 가득 퍼지는 산채 특유의 풍미가
샐러드에 고급스러움을 더해줍니다.

1

2-1

2-2

3

4

[세척과 보관]

밀프렙에서 채소 보관의 핵심은 물기 제거입니다. 물기가 남아 있으면
채소가 빨리 무르고 상하니 신경 써서 보관해 주세요.

1 큰 볼에 찬물을 받고 채소를 5분간 담가 둔 후
흐르는 물에 잎을 하나하나 헹군다.
특히 상추, 케일 같은 잎채소는 흙이 많으니 꼼꼼히 씻는다.

2 채소를 스피너(채소 탈수기)에 넣고 20~30초간 돌려 물기를 뺀다.
스피너가 없다면 큰 키친타월이나 면포에 채소를 올리고
돌돌 말아서 살살 눌러 물기를 흡수시킨다. 손으로 만졌을 때
축축한 느낌이 전혀 없고, 물방울이 보이지 않게 한다.

3 채소를 체에 펼쳐 10~15분 정도 자연 건조시켜
마지막 남은 수분까지 날린다.

4 스테인레스 김치통 또는 유리 밀폐용기 바닥에 키친타월
2~3장을 깐 후 채소를 담는다. 이때 너무 꾹꾹 눌러 담지 않아야
공기가 통한다. 채소 위에 키친타월 1~2장을 한 번 더 덮은 후
뚜껑을 닫고 냉장 보관한다. 2~3일마다 통을 열어 키친타월이
젖어 있으면 새 것으로 교체한다.

Tip

채소를 씻지 않고 보관한다면 1~2인분씩 소분한 다음
키친타월로 부드럽게 감싼 후 지퍼백에 담아 냉장 보관해요.
이때 지퍼백의 공기를 최대한 빼서 진공 상태로 만들면
보관이 더 오래되고, 지퍼백에 날짜를 적어두면 편리합니다.

채소 대량 보관 용기 추천!

① 스테인레스 김치통(9~10ℓ)

- 시중에서 파는 유러피안 샐러드 믹스 한 박스
  (1kg)를 통째로 넣어 보관할 수 있다.
- 스테인레스 재질은 온도 변화가 적어
  채소가 오래 신선함을 유지한다.
- 밀폐력이 뛰어나 수분 증발을 막아준다.
- 냄새가 전혀 배지 않고 세척이 쉽다.
- 제대로 보관하면 2주 이상 싱싱하게 유지 가능하다.

② 유리 밀폐용기(2~3ℓ)

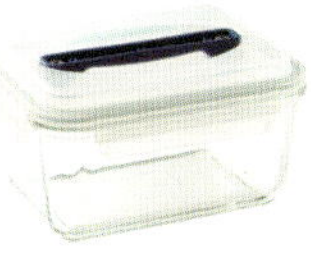

- 투명해서 뭐가 있는지 한눈에 보여 편리하다.
- 무거운 것이 단점이지만
  채소 보관 성능이 우수하다.

영양과 식감을 주는 단단한 컬러 채소

색깔별로 영양소가 다르기 때문에 무지개 색깔을 만든다는 생각으로 다양하게 넣으세요.
최소 3가지 색깔의 채소를 넣으면 영양학적으로 균형 잡힌 샐러드가 됩니다.

[종류]

● 빨간색 계열(red)

토마토 —————— 수분이 많고 새콤 달콤해 샐러드 전체의 맛을 살려줘요.
리코펜 성분이 풍부해 항산화 효과가 뛰어나요.

비트 —————— 매력적인 붉은빛과 은은한 단맛이 특징이며, 활성산소 제거 능력이
탁월해 혈관 건강에 도움을 줘요. 흙내음이 매력적인 비트는
생으로 얇게 슬라이스하거나 살짝 굽거나 데쳐서 사용해요.

빨간 파프리카 —————— 과육이 두꺼워 아삭한 식감이 좋고, 비타민C 함량이 높아
샐러드에 자주 사용하는 재료예요.

● 주황색 계열(orange)

당근 —————— 드레싱에 살짝 절여지면 특유의 단맛과 풍미가 깊어져요. 껍질에 영양이
가득하기 때문에 되도록 깨끗하게 씻어서 껍질째 사용하는 것이 좋아요.

주황 파프리카 —————— 과육에 수분이 풍부해 아삭하며, 빨간색과 노란색 파프리카 사이의
은은한 단맛을 가지고 있어요. 비타민C와 철분이 풍부하여 피로 해소와
피부 미용에 도움을 줍니다.

단호박 —————— 쪄서 넣으면 부드러운 식감과 함께 묵직한 포만감을 주어,
채소만으로 부족할 수 있는 에너지를 채워주는 든든한 재료입니다.

● 노랑색 계열(yellow)

옥수수 —————— 톡톡 터지는 식감이 매력적이고, 은은한 단맛을 더하고 싶을 때
좋은 식재료입니다. 시간이 지나도 식감 변화가 거의 없어
5일 준비 밀프렙 식단에 활용하기 적합해요.

노란 방울토마토 —————— 빨간 토마토보다 산미가 적고 당도가 높아 과일 같은 맛이 나요.
산미가 적어 토마토의 신맛을 싫어하는 분에게 추천해요.

노란 파프리카 —————— 빨간 파프리카보다 단맛이 적고, 부드러운 식감과 상큼한 향이 특징이에요.
매운맛이 거의 없어 부드러운 맛을 즐길 수 있어요.

● **초록색 계열(green)**

오이 —————— 수분 함량이 95% 이상인 채소예요.
풍부한 수분과 칼륨이 체내 노폐물과 나트륨 배출을 도와
붓기 제거에 효과적이에요. 열량이 거의 없어 다이어트 샐러드에
넣기 좋고, 양을 늘려도 부담 없이 즐길 수 있어요.

브로콜리 —————— 설포라판이라는 강력한 항암 성분과 비타민C가 레몬의 2배나
들어있어 체내 염증을 줄이고 면역력을 높여줘요.
살짝 찌거나 볶아서 샐러드에 넣으면 든든하게 포만감을 더해줘요.

애호박 —————— 비타민A가 풍부한 애호박은 살짝 구우면 식감이 부드러워져요.
위장에 부담이 적어 속이 편안한 샐러드를 원할 때 좋아요.

셀러리 —————— 칼로리가 낮고 식이섬유가 풍부해요. 향긋한 풍미와 아삭한 식감이
샐러드에 재미를 더해주는 채소예요. 드레싱에 오래 잠겨 있어도
식감이 달라지지 않아 밀프렙하기 좋아요.

● **보라색 계열(purple)**

적양배추 —————— 일반 양배추보다 단맛과 매운맛이 강한 편이에요.
눈 건강과 면역력에 좋은 안토시아닌이 풍부하고, 비타민U가 들어있어
위 점막을 보호하고 소화를 돕는 데 효과적이에요.

가지 —————— 스펀지 같은 조직을 가지고 있어 드레싱을 가장 잘 흡수하는 채소예요.
살짝 구워 넣으면 풍미가 극대화되고,
부드러운 식감이 아삭한 채소들과 조화롭게 어울려요.

적양파 —————— 샐러드에 빠질 수 없는 재료로 흰 양파보다 매운맛이 덜하고
단맛이 강해요. 드레싱과 미리 섞어두면 아린 맛은 사라지고
드레싱 전체의 풍미가 훨씬 좋아져요.

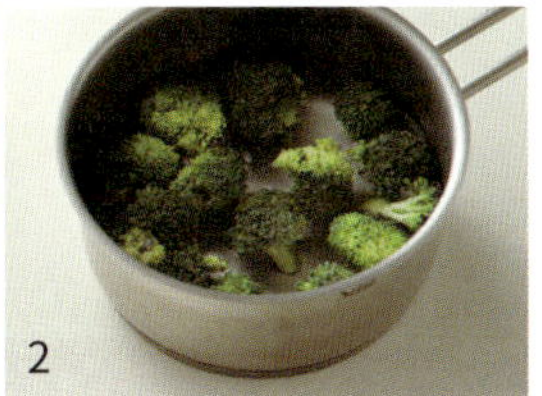

브로콜리 데치기

1 먹기 좋은 크기로 썬다. * 줄기 부분도 버리지 말고
  껍질만 벗겨서 함께 사용하면 아삭하니 맛있어요.

2 끓는 물에 소금 약간, 브로콜리를 넣어 1~2분간 데친다.
  찬물에 담가 식힌 후 체에 밭쳐 물기를 완전히 뺀다.
  밀폐용기에 담아 냉장 보관한다.
  * 찜기에 2분 30초 정도 찌거나 전자레인지에 물을 약간 넣고
  3분간 익혀도 돼요. 너무 오래 데치면 물컹해지니 타이머를
  맞춰두는 게 좋아요.

당근 채 썰기

1 채칼이나 칼로 기호에 맞는 두께로 채 썬다.
  밀폐용기에 담아 냉장 보관한다.
  * 채칼을 사용하면 균일하고 예쁘게 썰 수 있어요.
  두껍게 썰면 아삭한 식감이 살아있어 씹는 맛이 좋고,
  얇게 썰면 부드럽고 드레싱이 더 잘 스며드니
  취향에 따라 두께를 조절하세요.

오이 씨 제거하기

1 양 끝은 제거하고 길게 2등분한다. 숟가락이나 씨 제거 도구로
  가운데 씨 부분을 살살 긁어낸다.
  * 씨 부분은 수분이 많아서 시간이 지나면 물이 많이 생겨요.
  씨를 제거하면 샐러드가 물러지지 않고 더 오래 신선함을
  유지할 수 있어요.

2 씨를 제거한 오이는 반달 모양으로 적당한 두께로 썬다.
  너무 얇으면 금방 물러지고, 너무 두꺼우면 먹기 불편하니
  0.5cm 정도가 적당하다. 밀폐용기에 담아 냉장 보관한다.

감자, 고구마, 단호박 찌기

1 김이 오른 찜기에 넣고 익힌다.
  크기에 따라 익히는 시간이 다를 수 있으니
  젓가락으로 찔러 부드럽게 들어가는지 확인한다.
  감자 20~30분 / **고구마** 20~25분 / **단호박** 10~15분
  * 먹기 좋은 크기로 썰어 찌면 조리 시간을 줄일 수 있어요.
  또는 내열 용기에 담아 물 2~3큰술을 넣고 뚜껑이나 랩을
  씌운 후 전자레인지로 5분 정도 익혀도 됩니다.

포만감과 영양을 채우는 단백질

일반적으로 활동량이 보통 정도인 성인이 근육을 잘 유지하기 위해서는
체중 1kg당 약 1.0~1.2g의 단백질이 필요합니다(하루 기준).
예를 들어 체중이 60kg이라면 하루 60~72g의 단백질이 필요한 것이죠.
그래서 샐러드 한 끼로 20~30g의 단백질을 섭취하는 것이 적당합니다.
단백질을 구성할 때는 동물성 단백질은 1가지를, 식물성 단백질은 2~3가지 종류를 조합해 더해보세요.

단백질	1회 섭취량	단백질 함량
닭가슴살	100g(1개)	약 23g
달걀	100g(2개)	약 12g
연어(구이용, 훈제)	100g	약 20g
통조림 참치(작은 것)	100g(1캔)	약 23g
새우	100g(6~7마리)	약 20g
저지방 치즈	30g(슬라이스 2장)	약 6~7g
두부	150g(1/2모)	약 15g
병아리콩(삶은 것)	100g(약 1/2컵)	약 8~9g
렌틸콩(삶은 것)	100g(약 1/2컵)	약 9g
템페	100g	약 18g
퀴노아(삶은 것)	185g(1컵)	약 8g
햄프씨드	30g(3큰술)	약 10g

생새우살
닭가슴살
템페
병아리콩
두부
치즈
달걀

[종류]

● **동물성 단백질**

닭가슴살 ——————— 누구나 부담 없이 즐길 수 있는 고단백 저지방의 대표 식재료예요.
다양한 조리법으로 활용할 수 있으며, 지방은 적고 단백질은 풍부해
다이어트나 운동 후 회복식으로 좋습니다. 담백한 맛이라
어떤 드레싱과도 잘 어울려요. 닭가슴살의 퍽퍽함을 줄이려면
조리 전 닭가슴살 2~3덩이(200~300g)를 물 500ml + 소금 1큰술
+ 설탕 1큰술에 30분 정도 담갔다가 익히면 됩니다.

달걀 ——————— 삶은 달걀을 곁들이면 간편하면서도 든든한 한 끼가 완성됩니다.
단백질과 비타민B군이 풍부하고, 포만감이 오래 가죠. 달걀의 지방 성분은
채소에 들어 있는 지용성 비타민(A, D, E, K)의 흡수를 도와
영양 효율을 높여줍니다. 완숙으로 삶아서 4등분하거나 슬라이스해서
더해도 되고, 반숙으로 익혀 부드러운 식감과 풍미를 더해도 좋습니다.
반숙 수란을 올리면 노른자가 터지면서 드레싱 역할도 해서
더 맛있어요. 삶은 달걀은 냉장고에서 일주일정도 보관 가능합니다.

연어 ——————— 오메가-3 지방산이 풍부해 심혈관 건강과 염증 완화에 도움이 됩니다.
단백질과 건강한 지방을 함께 섭취할 수 있는 것이 장점으로,
구운 연어나 훈제 연어 모두 좋아요. 구운 연어는 담백하고,
훈제 연어는 깊은 풍미로 샐러드에 고급스러움을 더해줍니다.
큐브로 썰거나 익혀서 부숴서 올려요. 레몬, 딜과 특히 잘 어울려요.

통조림 참치 ——————— 편리하게 단백질을 보충할 수 있는 재료입니다. 기름에 절인 제품보다는
물이나 소금물에 담긴 제품을 선택하면 더 가볍게 즐길 수 있습니다.
오메가-3 지방산과 단백질이 풍부하고, 고소한 맛이 나요. 통조림 참치 대신
생참치를 스테이크처럼 구워서 샐러드에 올려도 좋아요.

생새우살 ——————— 굽거나 삶아서 샐러드에 넣으면 깊은 맛과 감칠맛을 더해줍니다.
지방은 낮고, 단백질과 미네랄이 풍부한 고단백 식재료예요.

저지방 치즈 ——————— 페타치즈, 모짜렐라치즈, 코티지치즈 등은 소량만 넣어도 풍미를 크게
높여줍니다. 칼슘과 단백질을 동시에 보충할 수 있어 영양 균형에 좋으며,
신선한 과일이나 견과류와 함께 먹으면 더욱 맛있습니다.

소고기 ——————— 구운 소고기 스테이크를 얇게 슬라이스해 더하면 호텔 샐러드 같은 느낌이
나요. 불고기용을 활용하면 담백하게 즐길 수 있지요. 다진 소고기를 볶아서
샐러드에 곁들여도 좋습니다. 단백질과 철분이 풍부하고, 육즙이 드레싱과
섞여 풍미가 깊어져요.

두부 —————— 식물성 단백질의 대표주자로 칼로리가 낮고 담백해요. 칼슘도 풍부해
근육 유지와 뼈 건강에 도움이 됩니다. 부드럽고 담백한 맛으로
한식 샐러드와 특히 잘 어울립니다. 단단한 두부를 큐브로 썰어 팬에 구워
겉은 바삭하고 속은 부드럽게 해서 즐기면 씹는 즐거움이 더해집니다.
간장이나 참깨 드레싱과 잘 맞아요.

병아리콩 —————— 식이섬유가 풍부해 장 건강에 도움을 주고, 혈당 상승을 완만하게 해 식사 후
포만감을 오래 지속됩니다. 샐러드에 그대로 넣어도 좋고, 에어프라이어나
오븐에 구우면 바삭하게 즐길 수 있어요. 시판 제품을 사용하면 편해요.

렌틸콩 —————— 단백질과 식이섬유가 풍부하고, 철분과 비타민B군이 많아 슈퍼푸드로
불리는 작고 납작한 콩이에요. 다른 콩과 달리 불릴 필요가 없어 조리가
간편하고 샐러드에 활용하기에도 좋아요.

템페 —————— 삶은 콩을 곰팡이균으로 발효시킨 인도네시아 전통음식이에요.
발효식품 특유의 쿰쿰한 냄새가 적고, 고소하고 식감이 쫄깃해요.
단백질 흡수율이 높고, 단단한 블럭 형태라 썰어서 굽거나 쪄서 먹기 좋습니다.

퀴노아 —————— 식물성 식품 중 드물게 필수 아미노산을 모두 갖춘 '완전 단백질' 식재료예요.
곡물이지만 단백질 함량이 높은 편이라, 가볍게 단백질을 보충하고 싶을 때
활용하기 좋습니다.
* 통곡물이라 35쪽, 36쪽에도 설명과 삶는 법을 소개했어요.

햄프씨드 —————— 겉껍질을 제거해 식감이 부드럽고, 잣처럼 고소한 맛이 나는 식재료예요.
별도의 조리 없이 샐러드나 요거트에 바로 뿌려 먹기 좋고, 탄수화물 함량은
낮고 식이섬유가 풍부해 식단 관리용으로 활용하기 좋아요.

[자주 사용하는 재료 손질과 보관]

병아리콩, 검은콩 삶기

1 말린 병아리콩(검은콩)을 깨끗하게 씻어 병아리콩(검은콩)과
3배 이상 충분한 양의 물을 넣고 8시간 이상 불린다.
  ★ 밤새 불리면 가장 편해요.

2 불린 콩을 체에 밭쳐 헹군다. 냄비에 병아리콩(검은콩),
물(병아리콩의 3배)을 넣고 센 불에서 끓인다.
끓기 시작하면 중약 불로 줄이고, 뚜껑을 살짝 덮은 채
약 30분간 끓인다. 중간중간 생기는 거품을 걷어낸다.

3 익은 병아리콩(검은콩)은 체에 밭쳐 물기를 완전히 뺀다.
  ★ 밀폐용기에 담아 냉장 보관해요. 4~5일 정도 가능하며
  장기 보관하려면 1회분씩 나눠 냉동 보관하세요.

렌틸콩 삶기

1 렌틸콩을 고운 체에 담아 흐르는 물에 2~3번 깨끗이 헹군다.

2 냄비에 렌틸콩, 물(렌틸콩의 3배)을 넣고 센 불에서 끓인다.
끓기 시작하면 중약 불로 줄이고, 15~20분간 삶는다.
중간중간 생기는 거품을 걷어낸다.

3 익은 렌틸콩은 체에 밭쳐 물기를 완전히 뺀다.
  ★ 밀폐용기에 담아 냉장 보관해요. 4~5일 정도 가능하며
  장기 보관하려면 1회분씩 나눠 냉동 보관하세요.

닭가슴살 익히기

1 냄비에 닭가슴살이 충분히 잠길 만큼의 물을 붓는다.
청주(또는 소주)를 1~2큰술 넣어서 센 불에서 끓인다.
끓어오르면 닭가슴살을 넣고 중간 불에서 다시 끓인다.

2 끓어오르면 불을 끄고 뚜껑을 덮어 여열로 익을 수 있도록
20분간 둔다.

3 닭가슴살을 꺼내 한 김 식힌 뒤, 먹기 좋은 크기로 썰거나
결대로 찢는다.

반숙란 만들기

1 냄비에 달걀이 잠길 만큼의 물을 붓고 센 불에서 끓인다.
팔팔 끓기 시작하면 불을 끈다.

2 끓는 물의 온도가 너무 내려가기 전에 소금, 달걀을 조심히
넣어준다. 다시 중간 불로 켜고 7분간 삶는다.

3 7분이 지나면 곧바로 달걀을 찬물에 넣어 식힌다.
  ★ 조금 더 흐르는 노른자를 원하면 6분,
  단단한 반숙을 원하면 8분 정도로 조절하세요.

식감과 탄수화물을 채워주는 통곡물 & 통곡물 제품

통곡물은 씹는 재미를 더하고 탄수화물을 적절히 보충해줍니다.
곡물은 하루 전에 미리 삶아두면 샐러드 만들 때 훨씬 편리하죠.
통밀빵, 통밀 또띠아 등은 샐러드에 곁들이면 더욱 든든하고 새로운 요리로 즐길 수도 있답니다.

[종류]

현미

보리가 톡 터지는 가벼운 식감이라면, 현미는 입안에서
우직하게 씹히는 질감이 특징으로, 천천히 식사하는
습관을 길러주어 과식을 막아줍니다. 밥처럼 지어 식힌 뒤
채소와 섞으면 특유의 거친 듯 고소한 풍미가 드레싱과
어우러져요.

보리

씹을수록 배어 나오는 특유의 구수한 맛과 톡톡 터지는
식감이 재밌는 통곡물이에요. 백미보다 낮은 당지수(GI)
덕분에 든든한 포만감을 오래 유지해 줍니다. 샐러드에
넣을 땐 밥처럼 지어서 식힌 후 사용해요.

흑미

안토시아닌이 풍부해 노화 방지와 면역력 관리에 도움을
주는 보랏빛 슈퍼푸드예요. 일반 쌀보다 비타민과
미네랄 함량이 높고, 꼬들꼬들하면서도 쫀득한 식감이
매력적이에요.

파로

겉은 단단하고 속은 찰옥수수처럼 쫀득한 알덴테 식감이
특징이에요. 조리 후에도 모양이 흐트러지지 않아 샐러드에
활용하기 좋습니다.

귀리

타임지가 선정한 세계 10대 슈퍼푸드 중 유일한 곡물인
귀리. 현미보다 단백질 함량이 2배 이상 높으며,
근육 형성을 돕는 필수 아미노산이 균형 있게 담겨 있어
운동 전후 에너지를 채워주는 최고의 식재료입니다.
포만감을 주기 때문에 건강하고 든든한 샐러드 식단에
필수적인 재료예요.

퀴노아

샐러드에 제일 많이 사용하는 탄수화물이에요. 조리하면
낟알이 투명해지면서 톡톡 터지는 독특한 식감과 견과류
같은 고소한 풍미가 특징이에요. 곡물의 어머니라 불릴
만큼 단백질, 식이섬유, 미네랄이 풍부하며, 모든 필수
아미노산을 갖춘 글루텐 프리 슈퍼푸드입니다.

통밀빵

일반 빵보다 식감은 다소 거칠고 묵직하지만, 씹을수록
배어 나오는 진한 고소함과 풍성한 곡물의 풍미가 좋아요.
흰 밀가루빵에 비해 포만감이 오래가 한 끼 식사로
곁들이기 좋은 빵이에요.

통밀 또띠아

흰 밀가루 대신 통밀을 사용해 혈당 부담을 줄인
또띠아예요. 빵보다 가볍고, 샐러드를 감싸
간편한 랩으로 만들 수 있어 부담없이 즐길 수 있는
탄수화물이에요.

쿠스쿠스

세몰리나 밀가루를 작게 뭉쳐 만든 알갱이 형태의 작은
알갱이 형태의 파스타예요. 쌀이나 다른 곡물보다 훨씬
가볍고 부드러운 식감이 특징이에요. 따로 삶을 필요 없이
뜨거운 물에 약 5분 정도 불리기만 하면 바로 사용할 수
있어 간편하게 활용하기 좋아요.

통밀 파스타

통밀을 그대로 사용해 만든 파스타로,
일반 파스타보다 씹는 맛이 살아 있어요.
샐러드 파스타로 활용하면 탄수화물의 양은 줄이면서
만족스러운 식사를 할 수 있어요. 기호에 맞게 다양한
통밀 파스타를 골라서 사용해요.

[자주 사용하는 재료 손질과 보관]

퀴노아 삶기

1 퀴노아를 고운 체에 담아 흐르는 물에 2~3분간 헹궈 쓴맛을 제거한다.

2 냄비에 퀴노아, 물(퀴노아의 2배)을 넣는다.
센 불에서 끓기 시작하면 중약 불로 줄이고, 뚜껑을 덮은 채로 약 13분간 끓인다.
★ 물이 거의 다 흡수되고, 퀴노아가 살짝 투명해질 때까지 익히면 돼요.

3 불을 끄고 그대로 5분간 뜸을 들인다. 포크로 살살 긁어가며 알갱이를 풀어준다.

쿠스쿠스 익히기

1 쿠스쿠스를 그릇에 담고 뜨거운 물을
1:1 비율로 부은 후 뚜껑을 덮고 5분간 둔다.

2 시간이 지나면 포크로 쿠스쿠스를 고슬고슬하게 풀어준다.
★ 물을 부은 뒤 절대 저어주지 말고 그대로 두어야 잘 익어요.

통밀 크루통 만들기

1 통곡물 빵을 큐브로 썬다.
★ 허브(로즈마리, 타임, 오레가노)를 추가하면 더 풍미가 좋아요.

2 올리브유, 마늘가루, 소금을 약간씩 더해 버무린다.

3 180℃로 예열한 에어프라이어에 넣고 6~8분간 굽는다.
★ 오븐에서는 180℃로 10~15분간 굽거나 달군 팬에 올려
중약 불에서 5~7분간 노릇하게 구워도 좋아요.

현미
보리
흑미
파로
귀리
퀴노아
통밀빵
통밀 또띠아
쿠스쿠스
통밀 파스타

식감과 맛을 더하는 견과류,
풍미를 더하는 과일 & 허브

오독오독 씹히는 견과류의 고소함과 허브의 청량함,
그리고 입안 가득 터지는 과일의 달콤한 과즙이 어우러져
샐러드 한 그릇에 풍성한 식감과 균형 잡힌 풍미를 완성해 줍니다.

[종류]

아몬드
아삭하고 고소한 맛이 가장 대중적이에요. 비타민E가
풍부해 항산화 효과가 뛰어나고, 불포화지방산이 많아요.
슬라이스하거나 다져서 뿌리면 식감이 살아나고,
프라이팬에 살짝 볶으면 고소함이 배가돼요.

잣
씹을수록 입안 가득 퍼지는 향긋한 솔향과 버터처럼
부드럽고 진한 고소함이 특징이에요. 한국식 샐러드에
특히 잘 어울리고, 잣 자체에서 배어 나오는 깊은 향이 있어
드레싱에 활용하기 특히 좋아요.

피칸
호두와 비슷해 보이지만 쓴맛이 거의 없고, 캐러멜처럼
은은한 단맛이 매력적인 견과류예요. 샐러드에 자연스러운
단맛과 고소한 풍미를 더하고 싶을 때 활용해 보세요.

캐슈넛
다른 견과류에 비해 식감이 부드럽고 크리미하며
은은한 단맛이 느껴지는 견과류입니다. 샐러드 토핑으로
활용하거나 물에 불린 뒤 갈아 마요네즈 대신 드레싱
베이스로 사용할 수도 있어요.

땅콩
땅콩은 진한 고소함과 은은한 단맛이있어 샐러드에 풍부한
맛을 더해줍니다. 씹을수록 고소함이 깊어져 다양한 채소와
잘 어울려요. 그대로 토핑으로 사용하거나 갈아서 드레싱에
활용하면 부드럽고 크리미한 질감을 더할 수 있어요.

오렌지
상큼한 산미와 은은한 단맛이 특징인 과일이에요.
샐러드에 넣으면 입맛을 돋우기 좋고,
오렌지즙은 드레싱에 활용할 수 있어요.

아보카도
크리미하고 고소한 맛이 샐러드에 풍부함을 더해줘요.
불포화지방산이 많아 포만감을 주고
영양 흡수를 도와줘요. 잘 익은 걸 선택해서
슬라이스하거나 큐브로 썰어요.
공기 중에 두면 갈변하니 레몬즙을 살짝 뿌려주세요.

딜
가볍고 산뜻한 향을 가진 허브로,
생선이나 요거트 베이스 드레싱과 특히 잘 어울려요.
샐러드에 소량만 더해도 맛의 균형을 잡아줘요.

바질
쌉쌀하면서도 달콤한 맛과 향이 특징인 허브로,
채소와 올리브유, 토마토와 특히 잘 어울려요. 잘게 썰어
샐러드에 넣으면 풍미가 더 좋고, 드레싱이나 페스토로도
활용도가 높은 허브예요.

오레가노 허브가루
톡 쏘는 박하 향때문에 꽃박하라고도 불려요.
샐러드에 가장 많이 사용하는 허브가루로 쌉싸름하고,
상쾌한 향이 일품입니다. 건조된 상태에서 향이 더 짙어져
적은 양으로도 요리의 풍미를 확 끌어올려 줍니다.

캐슈넛
잣
피칸
아몬드
딜
바질
이탈리안
파슬리

[자주 사용하는 재료 손질과 보관]

오렌지 껍질 벗기기

1 칼로 위아래를 자른다.

2 옆면의 껍질을 둥글게 따라 깎아 주세요.
   * 과육이 보일 때까지 하얀 속껍질도 함께 제거하는 게 포인트예요.

3 칼로 오렌지 알맹이 사이사이에 칼집을 넣어 과육만 떼어낸다.
   * 하얀 심 부분을 완전히 제거하면 쓴맛이 전혀 없고 샐러드가 훨씬 깔끔해져요.

아보카도 손질하기

1 칼을 넣어 씨를 중심으로 한 바퀴 돌려 자른다.

2 양손으로 비틀어 반으로 갈라준다.

3 씨에 칼날을 살짝 박아 비틀어 빼낸다.

4 숟가락을 껍질과 과육 사이에 넣고 둥글게 떠낸 후 슬라이스하거나 큐브 모양으로 썬다.

5 아보카도는 공기에 닿으면 금방 갈색으로 변하니 손질 후 즉시 레몬즙이나 라임즙을
   골고루 뿌려둔다.
   * 아보카도는 가능하면 먹기 직전에 손질하는 게 가장 좋아요. 미리 준비해야 한다면
   레몬즙을 뿌리고 랩으로 꼭꼭 싸서 공기와의 접촉을 최소화하세요.
   밀폐용기에 아보카도 단면이 잠길 정도로 물을 부어 보관하는 방법도 있어요.

바질 페스토 만들기

재료 바질잎 50g, 잣 30g(또는 견과류), 마늘 1쪽, 파르미지아노 레지아노 치즈 간 것 30g,
올리브유 100ml, 소금 약간, 후춧가루 약간

1 바질은 찬물에 가볍게 헹군 뒤 물기를 완전히 제거한다.
   잎만 떼어 사용한다.

2 믹서나 푸드 프로세서에 바질, 잣, 마늘을 넣고 곱게 간다.

3 믹서를 돌리면서 올리브유를 조금씩 부어가며 원하는 농도로 맞춘다.

4 파르미지아노 레지아노 치즈를 넣어 골고루 섞는다.

5 보관 용기에 담고 올리브유를 좀 더 넣어 냉장 보관한다.
   * 원하는 농도에 따라 올리브유나 레몬즙을 소량 추가해도 좋아요.

드레싱의 모든 것

이 책에서 소개한 대표 드레싱들을 모아 소개합니다. 기호에 따라 드레싱을 선택해
다른 샐러드에 응용해도 좋지요. 모든 드레싱은 1회분 기준이며, 필요에 따라 같은 비율로 늘려서 만들면 됩니다.
드레싱에 단맛을 추가하고 싶다면 알룰로스나 꿀, 원당을 약간 넣고 섞어도 좋습니다.

[비네그레트 드레싱]

레몬 비네그레트 드레싱
올리브유 2큰술 + 레몬즙 1큰술
+ 소금 약간 + 후춧가루 약간

클래식 비네그레트 드레싱
올리브유 2큰술 + 애플사이다비네거 1큰술
+ 디종 머스터드 1/2큰술 + 소금 약간 + 후춧가루 약간

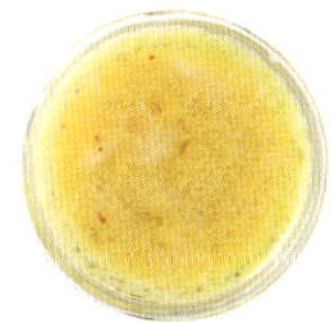

머스터드 비네그레트 드레싱
올리브유 2큰술 + 레몬즙 1큰술 + 디종 머스터드 1/2큰술
+ 다진 양파 1큰술 + 소금 약간 + 후춧가루 약간

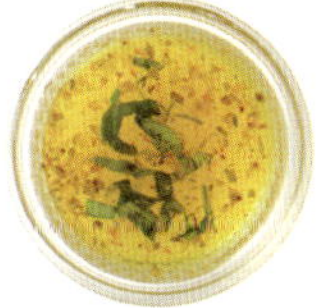

이탈리안 비네그레트 드레싱
올리브유 2큰술 + 레몬즙 1큰술 + 말린 오레가노 1/2작은술
+ 다진 바질잎 약간 + 소금 약간 + 후춧가루 약간

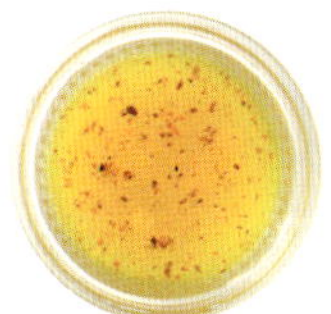

갈릭 비네그레트 드레싱
올리브유 2큰술 + 레몬즙 1큰술 + 다진 마늘 1작은술
+ 소금 약간 + 후춧가루 약간

훈제 레몬 비네그레트 드레싱
올리브유 2큰술 + 화이트 발사믹식초 1큰술(또는 식초 1큰술 +
알룰로스 약간) + 훈제 파프리카가루 1작은술
+ 소금 약간 + 후춧가루 약간

발사믹 비네그레트 드레싱
올리브유 2큰술 + 발사믹식초 1큰술
+ 홀그레인 머스터드 1작은술 + 소금 약간 + 후춧가루 약간

더블 머스터드 비네그레트 드레싱
올리브유 2큰술 + 레몬즙 1큰술 + 디종 머스터드 1작은술
+ 홀그레인 머스터드 1작은술 + 소금 약간 + 후춧가루 약간

[요거트 드레싱]

클래식 요거트 드레싱
무가당 그릭 요거트 2큰술 + 홀그레인 머스터드 1/2큰술
+ 레몬즙 1큰술 + 소금 약간 + 후춧가루 약간

레몬 요거트 드레싱
무가당 그릭 요거트 2큰술 + 디종 머스터드 1/2큰술
+ 레몬즙 1큰술 + 올리브유 1큰술
+ 꿀 1큰술 + 소금 약간 + 후춧가루 약간

랜치 요거트 드레싱
무가당 그릭 요거트 2큰술 + 마요네즈 1큰술
+ 레몬즙 1큰술 + 다진 양파 1큰술 + 꿀 1큰술
+ 다진 마늘 1작은술 + 소금 약간 + 후춧가루 약간

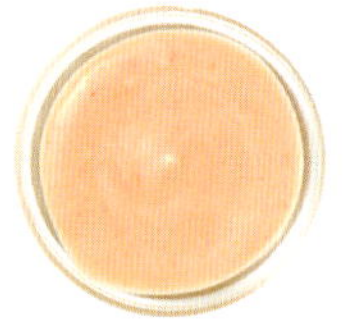

치폴레 드레싱
무가당 그릭 요거트 2큰술 + 마요네즈 1큰술
+ 스리라차 1큰술 + 레몬즙 1/2큰술 + 다진 양파 1큰술
+ 꿀 1큰술 + 소금 약간 + 후춧가루 약간

땅콩버터 요거트 드레싱
무가당 그릭 요거트 2큰술 + 땅콩버터 1큰술
+ 화이트 발사믹식초 1큰술(또는 식초 1큰술 + 알룰로스 약간)
+ 소금 약간 + 후춧가루 약간

참깨 요거트 드레싱
무가당 그릭 요거트 2큰술 + 통깨 간 것 1큰술
+ 참기름 1큰술 + 식초 1큰술(또는 레몬즙) + 꿀 1큰술
+ 소금 약간 + 후춧가루 약간

오렌지 요거트 드레싱
무가당 그릭 요거트 2큰술 + 오렌지즙 1/2개분
(또는 오렌지주스) + 올리브유 1큰술 + 꿀 1큰술
+ 소금 약간 + 후춧가루 약간

[한식 드레싱]

오리엔탈 드레싱

올리브유 2큰술 + 참기름 1/2큰술 + 화이트 발사믹식초
1큰술(또는 식초 1큰술 + 알룰로스 약간)
+ 레몬즙 1/2큰술 + 양조간장 1큰술 + 다진 마늘 1큰술
+ 통깨 간 것 1큰술 + 후춧가루 약간

들깨 드레싱

생들기름 2큰술 + 레몬즙 1큰술
+ 양조간장 1큰술 + 들깨가루 2큰술

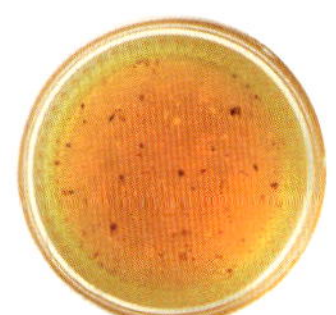

피시소스 드레싱

올리브유 2큰술 + 참기름 1/2큰술 + 화이트 발사믹식초
1큰술(또는 식초 1큰술 + 알룰로스 약간)
+ 피시소스 1큰술 + 다진 마늘 1큰술 + 후춧가루 약간

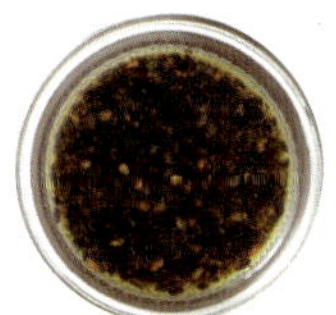

흑임자 간장 드레싱

올리브유 2큰술 + 흑임자 2큰술
+ 화이트 발사믹식초 1큰술(또는 식초 1큰술 + 알룰로스 약간)
+ 양조간장 1큰술 + 다진 마늘 1/2작은술
+ 소금 약간

＊ 흑임자는 갈아서 사용해요.

 **Tip** **드레싱 보관용 작은 용기 추천**

- 50~100ml 소스병 또는 작은 유리병을 추천해요.
- 흔들 때 새지 않도록 뚜껑이 잘 닫히는 제품을 선택하세요.
- 3~5개 준비해서 여러 가지 드레싱을 만들어 두면 편리합니다.
- 드레싱의 모든 재료를 넣고 흔들면 쉽게 소스를 만들 수 있습니다.

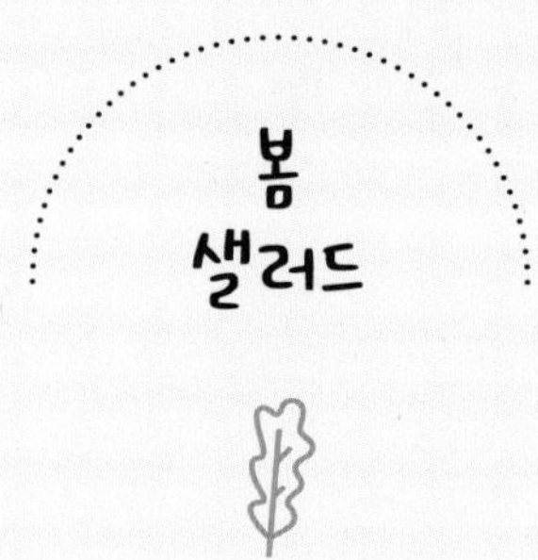

겨우내 움츠렸던 몸과 마음을 기분 좋게 깨워줄 시간이에요.

제철 식재료의 싱그러움을 가득 담아,

가벼우면서도 영양은 꽉 찬 12가지 샐러드 레시피를 준비했어요.

봄나물의 쌉싸름한 향긋함이 나른했던 일상에 기분 좋은 생기를 불어넣어 줄 거예요.

계절이 바뀌는 지금 이 순간, 나를 위해

가장 먼저 준비하고 싶은 봄의 맛을 만나보세요.

1 ——

싱그러운 봄 재료

아스파라거스, 그린빈, 돌나물, 미나리,
완두콩 등을 활용해 봄기운을 느껴보세요.

2 ——

다양한 영양 곡물 & 저탄수면

귀리, 퀴노아, 보리, 두부면,
통밀 파스타로 영양과 포만감을 더했어요.

3 ——

풍부한 단백질 재료

닭가슴살, 주꾸미, 생새우살, 병아리콩, 두부로
균형 잡힌 맛과 영양을 즐기세요.

병아리콩 오이 샐러드 + 머스터드 요거트 드레싱

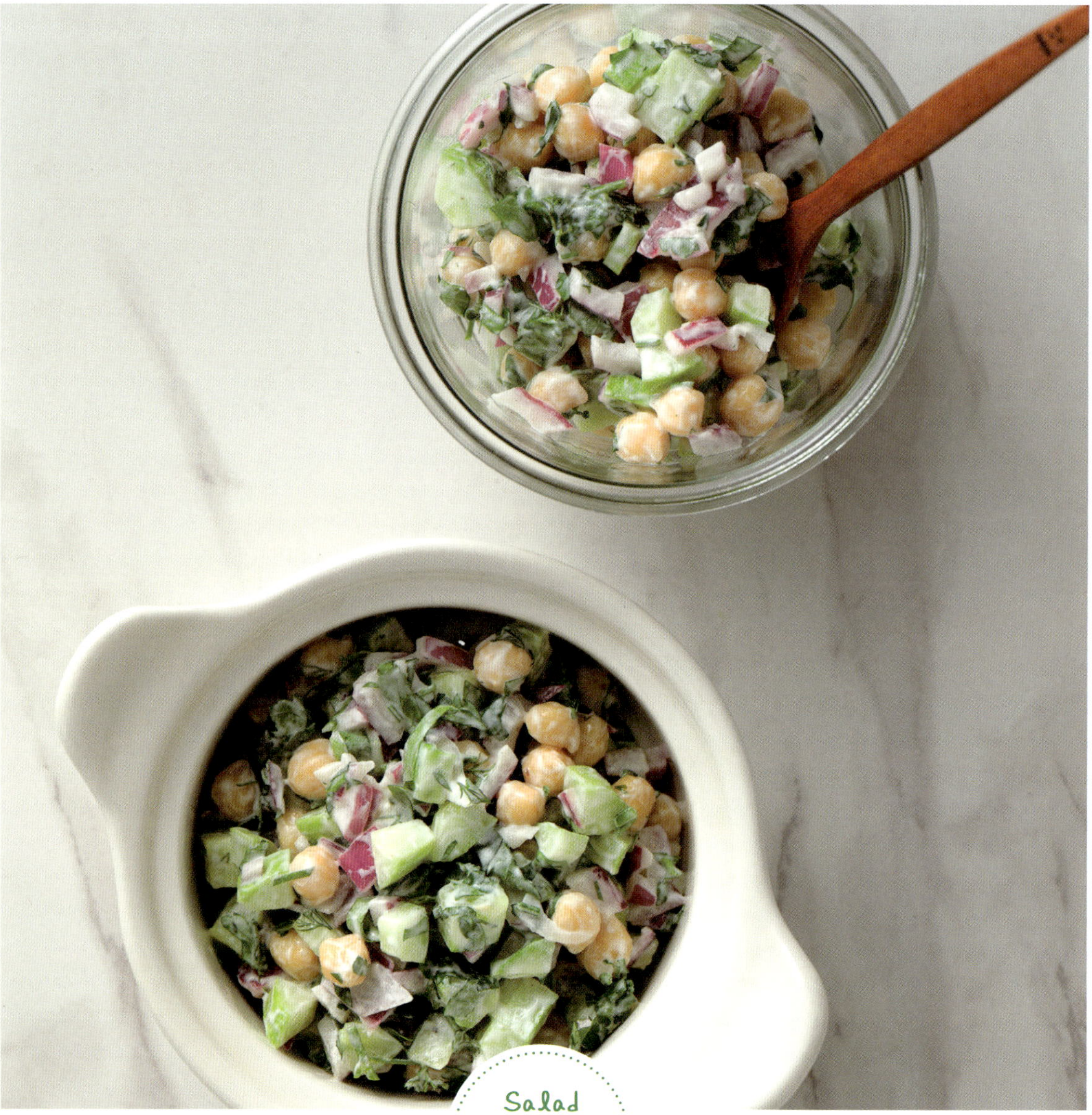

Salad Note

- 닭가슴살이나 삶은 달걀을 곁들이면 더 든든한 한 끼가 돼요.
- 구운 통밀빵 위에 샐러드를 올려 오픈 샌드위치로 즐겨보세요.
- 통밀 또띠아에 말아 간단한 랩으로 활용해도 맛있어요.

부드럽게 삶은 병아리콩에 진한 요거트 드레싱, 향긋한 허브를 더해 지중해 감성이 물씬 풍기는
샐러드를 만들어보세요. 간단한 재료로도 고급스러운 맛을 낼 수 있고, 든든하면서 가볍게 즐기기 좋아
아침 식사나 브런치, 가벼운 한 끼로 즐기기에도 제격이에요.

조리시간 20~25분 / 1회분

- 삶은 병아리콩 80g
  (또는 삶은 렌틸콩, 삶은 흰강낭콩)
  * 삶는 법 34쪽 또는 익힌 제품 활용
- 적양파 1/10개(또는 양파, 20g)
- 오이 1/2개(80g, 중간 사이즈)
- 이탈리안 파슬리 3줄기
  (또는 말린 파슬리 약간)
- 딜 5g

머스터드 요거트 드레싱
- 무가당 그릭 요거트 65g
- 디종 머스터드 1작은술
- 레몬즙 1큰술
- 다진 마늘 1/2작은술
- 소금 약간
- 후춧가루 약간

1 적양파는 잘게 다진 후
  찬물에 5분간 담가 매운맛을 빼고
  체에 밭쳐 물기를 제거한다.

2 오이는 길게 2등분한 후
  씨부분을 제거하고 작게 깍둑 썬다.
  이탈리안 파슬리, 딜은 줄기를
  제거하고 잎만 곱게 다진다.
  * 허브는 너무 많이 넣으면 향이
  강할 수 있으니, 처음에는 적은 양부터
  넣어보며 조절하세요.

3 **바로 먹기** 큰 볼에 드레싱 재료를 넣어
  골고루 섞는다. 나머지 재료를 모두
  넣고 가볍게 버무린다.

3회 밀프렙 추천해요. 모든 재료를 3배수로 늘려 준비하고,
보관 용기도 3개 준비한 후 각각 1회분씩 담아요.

* 18쪽 밀프렙 샐러드 공식 참고
* 냉장 보관 3~4일 가능

② 적양파 → 오이 → 병아리콩
→ 이탈리안 파슬리 → 딜
순으로 담고 뚜껑을 덮어
냉장 보관한다.

① 보관 용기에 드레싱 재료를
모두 넣고 섞는다.

타블레 샐러드 + 레몬 비네그레트 드레싱

Salad Note

- ☑ 드레싱의 신맛이 부담된다면 꿀이나 알룰로스 1/2작은술을 넣어 조절해요.
- ☑ 전자레인지에 30초 정도 돌려 찬기를 약간 없애고 먹어도 좋아요.
- ☑ 먹기 직전에 아보카도, 페타치즈, 견과류 등을 더하면 풍미와 식감이 살아나요.
- ☑ 구운 통밀 또띠아에 싸서 먹거나, 구운 닭가슴살이나 연어를 곁들이면 더 든든한 한 끼 식사가 돼요.

해외 샐러드바에 가면 자주 볼 수 있는 타블레는 중동에서 유래한 곡물 기반의 샐러드예요. 퀴노아나 불구르 같은
곡물에 다진 채소와 허브, 가벼운 드레싱을 더해 만들며, 숟가락으로 편하게 떠먹을 수 있어 좋아요.
아삭한 오이, 톡톡 터지는 토마토, 고소한 병아리콩, 향긋한 파슬리 잎까지 더해 풍성한 식감과 맛을 살렸어요.
고슬고슬하게 익힌 퀴노아는 씹을수록 고소하고 포만감도 좋아, 다이어트용으로도 아주 만족스러운 메뉴랍니다.

조리시간 25~30분 / 1회분

- 삶은 병아리콩 50g
  * 삶는 법 34쪽 또는 익힌 제품 활용
- 퀴노아 40g(또는 귀리, 보리)
- 적양파 1/8개(또는 양파, 25g)
- 오이 1/4개(또는 셀러리, 50g)
- 방울토마토 5개(75g)
- 이탈리안 파슬리 2~3줄기(또는 깻잎)

레몬 비네그레트 드레싱
- 올리브유 2큰술
- 레몬즙 1큰술
- 소금 약간
- 후춧가루 약간

1 냄비에 퀴노아, 잠길 정도의 물을 넣고
센 불에서 끓인다. 끓어오르면
중약 불로 줄여 뚜껑을 덮고 10분간
끓인다. 불을 끄고 5분간 뜸들인 후
포크로 살살 풀어가며 뒤적인다.
  * 전기밥솥의 백미 취사 기능으로
  조리해도 좋아요.

2 씨를 제거한 오이, 적양파,
방울토마토는 작게 깍둑 썰고,
이탈리안 파슬리는 굵게 다진다.
적양파는 찬물에 5분간 담가 매운맛을
빼고 체에 밭쳐 물기를 제거한다.

3 **바로 먹기** 큰 볼에 레몬 비네그레트
드레싱 재료를 넣고 섞은 후
모든 재료를 넣어 골고루 버무린다.

Meal Prep

3~5회 밀프렙 추천해요. 모든 재료를 3~5배수로 늘려 준비하고,
보관 용기도 3~5개 준비한 후 각각 1회분씩 담아요.
* 18쪽 밀프렙 샐러드 공식 참고
* 냉장 보관 5일 가능

3 이탈리안 파슬리는
가장 위에 담고
뚜껑을 덮어 냉장 보관한다.

2 적양파 → 오이 →
방울토마토 → 병아리콩 →
퀴노아 순으로 담는다.

1 보관 용기에 드레싱 재료를
모두 넣고 섞는다.

아스파라거스 그린빈 샐러드 + 머스터드 비네그레트 드레싱

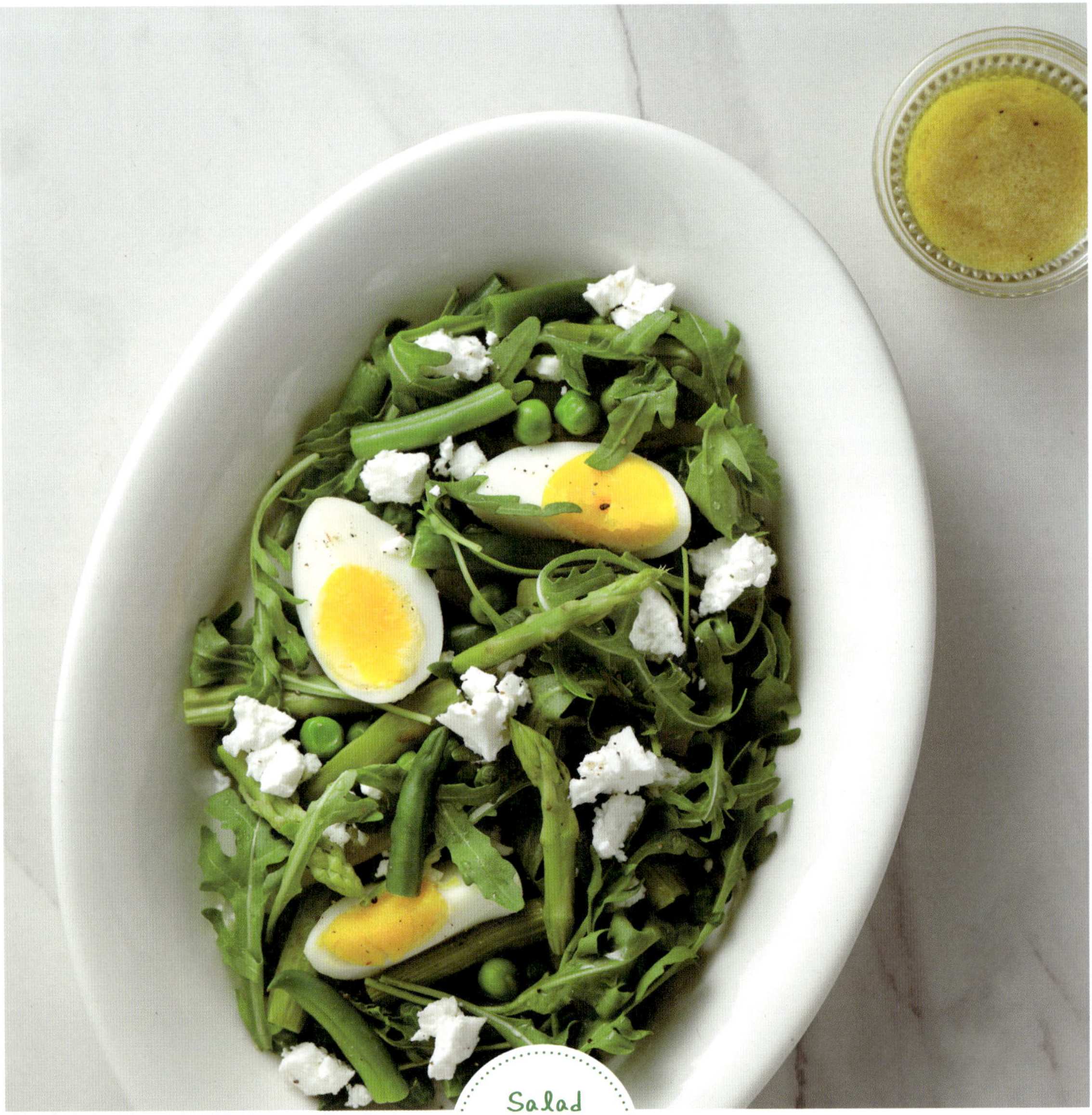

Salad Note

- 채소는 너무 오래 데치지 않도록 주의하세요. 샐러드는 아삭한 식감이 살아있어야 맛있어요.
- 크래커 위에 올려 애피타이저로, 통밀빵에 넣어 샌드위치로 활용해보세요.

신선한 제철 채소 본연의 맛을 그대로 즐길 수 있는 샐러드예요. 제철 아스파라거스와 그린빈을 부드럽게 데쳐
특유의 풍미와 아삭한 식감을 그대로 살렸어요. 여기에 촉촉한 반숙 달걀을 곁들이면 단백질은 물론
포만감까지 든든하게 챙길 수 있어요. 간단하지만 영양 균형이 잘 잡힌 한 끼 식사로, 또는 고기 요리에 곁들이는
사이드로도 잘 어울리는 담백한 데일리 샐러드랍니다.

조리시간 25~30분 / 1회분

- 아스파라거스 4줄기
  (또는 브로콜리, 브로콜리니, 80g)
- 그린빈 10개(50g, 또는 냉동 그린빈)
- 완두콩 40g(또는 냉동 완두콩)
- 삶은 달걀 1개
- 루콜라 1줌(20g)
- 페타치즈 15g

머스터드 비네그레트 드레싱
- 올리브유 2큰술
- 레몬즙 1큰술
- 디종 머스터드 1/2큰술
- 다진 양파 1큰술
- 소금 약간
- 후춧가루 약간

1 아스파라거스는 밑동을 제거하고
  3등분하고, 그린빈은 끝을 제거하고
  2등분한다.
  * 굵은 아스파라거스는 필러로 껍질을
  살짝 벗기고 사용하세요.

2 끓는 물에 소금 약간을 넣고
  아스파라거스, 그린빈, 완두콩을 넣어
  2분간 데친다. 찬물에 헹군 후
  체에 받쳐 물기를 뺀다.

3 루콜라는 한입 크기로 뜯는다.
  삶은 달걀은 2~4등분한다.

4 볼에 드레싱 재료를 넣고 섞는다.

5 **바로 먹기** 그릇에 루콜라,
  아스파라거스, 그린빈, 완두콩,
  삶은 달걀을 올린 후 페타치즈를 크럼블
  형태로 뜯어 올리고 드레싱을 뿌린다.

Meal Prep

3~5회 밀프렙 추천해요. 모든 재료를 3~5배수로 늘려 준비하고,
보관 용기도 3~5개 준비한 후 각각 1회분씩 담아요.
* 18쪽 밀프렙 샐러드 공식 참고
* 냉장 보관 5일 가능

③ 루콜라 → 페타치즈를
올린 후 뚜껑을 덮어
냉장 보관한다.

② 그린빈 → 아스파라거스
→ 완두콩 순으로 넣고,
삶은 달걀은 통째로 또는
2~4등분해 담는다.

① 보관 용기에 드레싱 재료를
모두 넣고 섞는다.

루콜라 페스토 파스타 샐러드 + 루콜라 페스토 드레싱

고소하고 알싸한 향을 고스란히 담은 루콜라 페스토에 탱글한 파스타와
아삭한 채소를 더해 싱그럽고 든든한 샐러드를 완성했어요.
자연 그대로의 맛을 담은 루콜라 페스토 샐러드는 봄에 딱 어울리는 계절의 맛입니다.

3회 밀프렙 추천해요. 모든 재료를 3배수로 늘려 준비하고,
보관 용기도 3개 준비한 후 각각 1회분씩 담아요.

* 18쪽 밀프렙 샐러드 공식 참고
* 냉장 보관 3~4일 가능

③ 루콜라는 가장 위에 담고
뚜껑을 덮어 냉장 보관한다.

② 오이 → 방울토마토
→ 블랙올리브 → 펜네
순으로 담는다.

① 보관 용기에 드레싱을 넣는다.

루콜라 페스토 파스타 샐러드

조리시간 30~35분 / 1회분

- 펜네 70g(또는 다른 숏파스타)
- 오이 1/4개(50g)
- 방울토마토 5개(75g)
- 블랙올리브 5개
- 루콜라 1줌(20g)

루콜라 페스토 드레싱

- 루콜라 20g
- 마늘 1개
- 견과류 1큰술(잣, 아몬드, 호두 등)
- 올리브유 3큰술
- 레몬즙 1큰술
- 파르미지아노 레지아노 치즈 간 것 1큰술
  (약 10g, 생략 가능)
- 소금 약간
- 물 약간(농도 조절용)

1 오이는 씨를 제거하고 사방 1cm 크기로 썰고,
방울토마토, 블랙올리브는 2등분한다.

2 루콜라는 한입 크기로 뜯는다.

3 끓는 물에 소금 약간, 펜네를 넣고
포장지에 적힌 시간보다 1분 정도 덜 삶는다.
찬물에 헹궈 물기를 제거한다.
* 알단테로 삶아야 시간이 지나도 퍼지지 않고
쫄깃한 식감을 유지할 수 있어요.

4 작은 믹서에 루콜라 페스토 드레싱 재료를
모두 넣고 곱게 간다.
* 루콜라 페스토 드레싱은 너무 되직하지 않게,
샐러드에 고루 섞이도록 약간 묽은 질감으로
준비하는 것이 좋아요. 필요에 따라
물을 넣어 원하는 농도로 조절해요.

5 **바로 먹기** 그릇에 샐러드 재료를 골고루 담고
드레싱을 곁들인다.

✓ 파스타는 미리 삶아 식힌 후, 올리브유를 소량 섞어두면 덜 들러붙어요.
✓ 먹기 전 파르미지아노 레지아노 치즈를 갈아서 올리면 고급 샐러드 느낌이 확 살아요.

돌나물 두부 샐러드 + 흑임자 간장 드레싱

돌나물은 봄이 제철인 산뜻한 나물로, 비타민과 수분이 풍부하고 은은한 신맛이 입맛을 돋워줘요.
아삭한 식감까지 있어 샐러드에 넣기 딱 좋죠. 여기에 두부를 더하면 담백하면서도 든든한 샐러드가 완성된답니다.
산뜻한 봄의 맛, 돌나물 샐러드로 가볍고 건강한 한 끼를 즐겨보세요.

How to
Cook

만드는 방법은
60~61쪽을 참고하세요.

Meal
Prep

3~5회 밀프렙 추천해요. 모든 재료를 3~5배수로 늘려 준비하고,
보관 용기도 3~5개 준비한 후 각각 1회분씩 담아요.

* 18쪽 밀프렙 샐러드 공식 참고
* 냉장 보관 5일 가능

③ 돌나물, 잎채소는
가장 위에 담고
뚜껑을 덮어 냉장 보관한다.

② 두부 → 표고버섯 → 파프리카
순으로 담는다.

① 보관 용기에 드레싱 재료를
모두 넣고 섞는다.

3

4

돌나물 두부 샐러드

조리시간 30~35분 / 1회분

- 두부 1/4모(75g)
- 표고버섯 3개(40g)
- 돌나물 1줌(30g,
  또는 세발나물, 참나물, 방풍나물)
- 잎채소 1줌(40g)
- 파프리카 1/4개(50g)

흑임자 간장 드레싱
- 흑임자(검은깨) 2큰술
- 양조간장 1큰술
- 화이트 발사믹식초 1큰술
  (또는 식초 1큰술 + 알룰로스 약간)
- 올리브유 2큰술
- 다진 마늘 1/2작은술

1 끓는 물에 두부를 넣고 1분 정도 데친다.
찬물에 헹궈 식힌 후 체에 밭쳐 물기를
제거하고 키친타월로 가볍게 닦는다.
* 두부는 너무 오래 데치면 부서지기 쉬우니
1분 내외로 짧게 데치는 것이 좋아요.

2 두부는 사방 2cm 크기로 깍둑 썬다.

3 잎채소, 돌나물은 한입 크기로 뜯고,
파프리카는 가늘게 채 썬다.
표고버섯은 모양대로 썬다.

4 달군 팬에 기름을 두르지 않고
표고버섯을 올린 후 수분이 빠져나오도록
3~5분간 그대로 두고 굽는다.
넓은 접시에 펼쳐 한 김 식힌다.
* 버섯에서 수분이 증발하면서
자연스럽게 쫄깃하고 고소한 식감이
살아나며 풍미가 진해져요.

5 흑임자는 곱게 간 후 나머지 드레싱 재료와
골고루 섞는다.

6 **바로 먹기** 그릇에 샐러드 재료를 골고루 담고
드레싱을 곁들인다.

✓ 생두부는 끓는 물에 충분히 데쳐 사용하면 비린 맛 없이 더욱 부드러워요.
✓ 두부는 달군 팬에 노릇하게 구워서 더해도 맛있어요.
✓ 표고버섯은 다른 버섯으로 대체해도 좋아요.

새우 두부면 샐러드 + 오리엔탈 드레싱

탄수화물 부담 없이, 맛있게 즐기는 두부면 샐러드. 꼬들꼬들 부드러운 식감과 두부면의 고소한 맛이
별미랍니다. 밀가루 면 대신 두부면을 사용해 칼로리는 낮추고, 포만감은 높였어요.
더부룩한 속을 비우고 싶거나 가볍게 한 끼를 해결하고 싶을 때, 이 샐러드를 추천해요.

**How to
Cook**

만드는 방법은
64~65쪽을 참고하세요.

**Meal
Prep**

3회 밀프렙 추천해요. 모든 재료를 3배수로 늘려 준비하고,
보관 용기도 3개 준비한 후 각각 1회분씩 담아요.

* 18쪽 밀프렙 샐러드 공식 참고
* 냉장 보관 3~4일 가능

3 깻잎과 잎채소는
가장 위에 올린 후
뚜껑을 덮어
냉장 보관한다.

2 양파 → 적양배추
→ 당근 → 파프리카
→ 두부면 → 새우
순으로 담는다.

1 보관 용기에 드레싱 재료를
모두 넣고 섞는다.

새우 두부면 샐러드

조리시간 30~35분 / 1회분

- 냉동 생새우살 6마리
- 두부면 50g
- 잎채소 1줌(40g)
- 적양배추 1장
  (손바닥 크기, 약 30g)
- 깻잎 2장(4g)
- 파프리카 1/4개(50g)
- 당근 약 1/5개(40g)
- 양파 1/10개(20g)

새우 밑간

- 훈제 파프리카 가루 1작은술
  (생략 가능)
- 올리브유 1큰술

오리엔탈 드레싱

- 올리브유 2큰술
- 화이트 발사믹식초 1/2큰술
  (또는 식초 1/2큰술
  + 알룰로스 약간)
- 레몬즙 1/2큰술
- 양조간장 1큰술
  (또는 한식간장 1/2큰술)
- 참기름 1/2큰술
- 통깨 간 것 1큰술
- 다진 마늘 1작은술
- 후춧가루 약간

1 잎채소는 한입 크기로 뜯는다.
적양배추는 얇게 채 썰고,
깻잎은 돌돌 말아 얇게 채 썬다.

2 파프리카, 당근, 양파는 얇게 채 썬다.
양파는 찬물에 5분간 담가 매운맛을 빼고
체에 밭쳐 물기를 제거한다.

3 끓는 물에 두부면을 넣고 20초간 살짝 데친다.
찬물에 헹군 뒤 체에 밭쳐 물기를 제거하고 먹기 좋은 크기로 썬다.

4 냉동 생새우살은 찬물에 10분간 담가 해동한 후
체에 밭쳐 물기를 제거하고 새우 밑간 재료에 버무린다.

5 달군 팬에 생새우살을 올려 중간 불에서 앞뒤로 1분씩 노릇하게 굽는다.

6 볼에 드레싱 재료를 넣고 섞는다.

7 **바로 먹기** 그릇에 샐러드 재료를 골고루 돌려 담고 드레싱을 곁들인다.

⊘ 훈제 파프리카 가루는 구운 채소, 드레싱, 볶음밥 등에 다양하게 활용할 수 있어요.
없을 경우, 생략하고 데친 새우로 대체해도 좋아요.

⊘ 두부면은 남은 물기를 제대로 제거해야 다른 재료들이 눅눅해지지 않아요.

⊘ 채소는 최대한 얇고 균일하게 썰어야 식감이 부드럽고 드레싱이 골고루 배어들어요.

⊘ 기호에 따라 드레싱에는 알룰로스, 꿀, 원당 등의 감미료를 넣어도 좋아요.

훈제연어 아보카도 딜 샐러드
+ 허니 요거트 드레싱

Salad Note

✓ 훈제연어는 너무 얇거나 짠 제품보다는 도톰하고 부드러운 것을 선택하세요.

✓ 구운 통밀빵이나 통밀 또띠아를 곁들여 브런치처럼 즐기기 좋아요.

✓ 와인이나 스파클링 음료와 함께 먹는 홈파티 메뉴로도 좋아요.

은은한 훈제 향이 매력적인 연어에 상큼한 드레싱이 어우러진 샐러드예요. 고소한 아보카도와
아삭한 오이를 함께 곁들이니 한 끼 식사로 가볍게 즐기기 좋아요. 특히 딜은 연어와 궁합이 좋아
향긋함을 더해주고, 집에서도 손쉽게 레스토랑의 맛과 멋을 낼 수 있게 해준답니다.

조리시간 15~20분 / 1회분

- 훈제연어 60g
  (또는 통조림 참치, 닭가슴살)
- 아보카도 1/2개(또는 반숙 달걀, 70g)
- 적양파 1/8개(또는 양파, 25g)
- 오이 1/2개(50g)
- 잎채소 1줌(또는 루콜라, 어린잎채소, 40g)
- 딜 10g(또는 바질)

허니 요거트 드레싱

- 무가당 그릭 요거트 2큰술
- 레몬즙 1큰술
- 올리브유 1/2큰술
- 디종 머스터드 1/2작은술
- 꿀 1 작은술
- 소금 약간
- 후춧가루 약간

1 적양파는 채 썬 후 찬물에 5분간 담가
매운맛을 빼고 체에 받쳐 물기를 제거한다.
오이는 길게 2등분해 한입 크기로 썬다.
잎채소는 한입 크기로 뜯는다.
딜은 잘게 다진다.

2 아보카도는 한입 크기의 큐브로 썬다.

3 훈제 연어는 먹기 좋은 크기로
가볍게 찢는다.
★ 훈제연어가 너무 짜거나 기름지게
느껴질 경우 키친타월로 살짝 닦아내고
사용하면 깔끔해요.

4 **바로 먹기** 그릇에 모든 재료를 담고,
드레싱을 섞어 곁들인다.

Meal Prep

3회 밀프렙 추천해요. 모든 재료를 3배수로 늘려 준비하고,
보관 용기도 3개 준비한 후 각각 1회분씩 담아요.

★ 18쪽 밀프렙 샐러드 공식 참고
★ 냉장 보관 3~4일 가능

3 수분에 약한 딜, 잎채소는
가장 위에 담고 뚜껑을
덮어 냉장 보관한다.

2 아보카도 → 적양파
→ 오이 → 훈제연어
순으로 담는다.

1 보관 용기에 드레싱 재료를
모두 넣고 섞는다.

참나물 주꾸미 샐러드 + 오리엔탈 드레싱

탱글한 주꾸미와 향긋한 참나물의 만남. 매콤하고 상큼한 드레싱을 곁들여 한식 반찬으로도,
특별한 날의 상차림으로도 잘 어울리는 색다른 해산물 샐러드를 소개합니다. 쫄깃하게 데친 주꾸미는
단백질이 풍부하면서도 지방은 적어 다이어트 중에도 부담 없이 즐길 수 있는 재료예요.
향긋한 참나물이 더해지면 입안 가득 봄 내음이 퍼지는 듯한 기분이 든답니다.

3회 밀프렙 추천해요. 모든 재료를 3배수로 늘려 준비하고,
보관 용기도 3개 준비한 후 각각 1회분씩 담아요.

* 18쪽 밀프렙 샐러드 공식 참고
* 냉장 보관 3일 가능

3 참나물, 잎채소는
가장 위에 담고
뚜껑을 덮어
냉장 보관한다.

2 양파 → 파프리카
→ 데친 주꾸미 순서로
담는다.

1 보관 용기에 드레싱 재료를
모두 넣고 섞는다.

참나물 주꾸미 샐러드

1 2

조리시간 30~35분 / 1회분

- 손질 주꾸미 80g(또는 오징어, 낙지)
- 참나물 1줌(30g,
  또는 세발나물, 돌나물, 방풍나물)
- 잎채소 1줌(40g)
- 파프리카 1/4개(50g)
- 양파 1/10(20g)

오리엔탈 드레싱
- 올리브유 2큰술
- 화이트 발사믹식초 1/2큰술
  (또는 식초 1/2큰술 + 알룰로스 약간)
- 레몬즙 1/2큰술
- 양조간장 1큰술
- 참기름 1/2큰술
- 통깨 간 것 1큰술
- 다진 마늘 1작은술
- 후춧가루 약간

1 참나물, 잎채소는 한입 크기로 썬다.

2 파프리카, 양파는 얇게 채 썬다.
양파는 찬물에 5분간 담가 매운맛을 빼고
체에 밭쳐 물기를 제거한다.

3 4

3 주꾸미는 소금을 뿌린 후 바락바락 문질러 씻어 깨끗이 손질한다.

4 끓는 물에 식초 약간, 주꾸미를 넣고 중강 불에서
30초~1분간 데친 후 찬물에 헹궈 물기를 제거한다.
* 주꾸미는 너무 오래 데치면 질겨지니 짧게 익히는 것이 포인트예요.

5 볼에 드레싱 재료를 넣어 골고루 섞는다.

6 **바로 먹기** 그릇에 샐러드 재료를 골고루 담고 드레싱을 곁들인다.

Salad
Note

⊘ 잡곡밥이나 현미밥과도 잘 어울리는 샐러드라 덮밥처럼 먹어도 좋아요.
⊘ 소면, 메밀면, 쌀국수 등을 함께 곁들여 든든하게 즐길 수 있어요.
⊘ 파프리카는 노랑, 빨강 등을 섞어 색감을 살리면 더욱 먹음직스러워요.

오렌지 닭가슴살 샐러드 + 피시소스 드레싱

레시피 74쪽

향긋하고 달콤한 오렌지는 입안 가득 상큼함을 전해주는 과일이에요.
과일과 닭가슴살이 어울리지 않을 것 같지만, 피시소스 드레싱과 만나면 의외로 잘 어울린답니다.
상큼함과 담백함이 어우러져 한입 먹을 때마다 색다른 매력을 느낄 수 있어요.

구운 채소와 귀리 닭가슴살 샐러드

+ 갈릭 레몬 비네그레트 드레싱

채소 섭취를 늘리고 싶지만 실천이 어려웠던 분들에게 추천하는 샐러드예요. 채소를 구우면,
숨은 단맛과 고소한 풍미가 살아나 정말 맛있답니다. 여기에 겉은 노릇하고 속은 촉촉한 구운 닭가슴살을 더하면,
한 끼 식사로 완벽한 샐러드가 완성된답니다. 속은 편안하고, 영양은 가득한 샐러드를 즐겨보세요.

오렌지 닭가슴살 샐러드

조리시간 20~25분 / 1회분

- 양배추 3장(손바닥 크기, 약 100g)
- 당근 1/4개(50g)
- 오렌지 1개(또는 한라봉)
- 닭가슴살 80g
- 다진 견과류 1큰술

피시소스 드레싱
- 올리브유 2큰술
- 화이트 발사믹식초 1큰술
  (또는 식초 1큰술 + 알룰로스 약간)
- 피시소스 1큰술(또는 액젓)
- 참기름 1/2큰술
- 다진 마늘 1큰술
- 후춧가루 약간

1 양배추, 당근은 5cm 길이로 가늘게 채 썬다.
* 되도록 얇고 균일하게 써는 것이 좋아요.
채칼을 활용하면 손쉽게 썰 수 있어요.

2 오렌지는 40쪽을 참고해 과육만 분리한다.
* 과즙이 풍부한 과일은 도마 위에 키친타월을 깔고
자르면 과즙이 흘러도 깔끔하게 정리할 수 있어요.
* 오렌지 과육을 미리 냉장 보관해두면 샐러드에
넣었을 때 시원하고 상큼한 맛이 더 좋아요.

3 닭가슴살은 끓는 물에 넣고 중간 불에서
약 15분간 삶는다. 꺼내어 충분히 식힌 후
손으로 결을 따라 한입 크기로 찢는다.
* 닭가슴살을 삶을 때 통후춧가루, 월계수잎,
마늘을 함께 넣으면 잡내를 줄이고, 고기가 더
부드럽고 깔끔하게 익어요. 소금을 약간 넣어주면
밑간 효과도 있어요. 너무 오래 삶으면 퍽퍽해질 수
있으니, 포크로 찔렀을 때 투명한 육즙이 나오는
정도만 익히세요.

4 볼에 드레싱 재료를 넣어 골고루 섞는다.
* 피시소스가 없다면 집에서 사용하는
참치액젓 등으로 대체해도 좋아요.

5 **바로 먹기** 그릇에 샐러드 재료를 골고루 담고
드레싱을 곁들인다.

✓ 매운맛을 원하면 드레싱에 청양고추를 다져 넣어보세요.
✓ 먹기 전에 레몬즙을 뿌리면 더욱 상큼하게 즐길 수 있어요. 깻잎을 넣어도 잘 어울려요.
✓ 통밀빵 사이에 샐러드를 넣어 샌드위치로 즐겨도 좋아요.

3회 밀프렙 추천해요. 모든 재료를 3배수로 늘려 준비하고,
보관 용기도 3개 준비한 후 각각 1회분씩 담아요.

* 18쪽 밀프렙 샐러드 공식 참고
* 냉장 보관 3~4일 가능

③ 다진 견과류를 가장 위에 담고
뚜껑을 덮어 냉장 보관한다.

② 오렌지 → 양배추 → 당근
→ 닭가슴살 순으로 담는다.

① 보관 용기에 드레싱 재료를
모두 넣고 섞는다.

구운 채소와 귀리 닭가슴살 샐러드

조리시간 30~35분 / 1회분

- 익힌 귀리 80g
- 애호박 1/4개(약 75g)
- 표고버섯 3개(40g)
- 빨간 파프리카 1/4개(50g)
- 양파 1/10개(20g)
- 당근 1/5개(40g)
- 닭가슴살 80g

밑간
- 올리브유 1큰술
- 발사믹식초 1큰술
- 훈제 파프리카 가루 1/2큰술
- 소금 약간

갈릭 레몬 비네그레트 드레싱
- 올리브유 2큰술
- 레몬즙 1큰술
- 다진 마늘 1큰술
- 다진 바질 5g(또는 말린 바질, 생략 가능)
- 소금 약간
- 후춧가루 약간

1 전기밥솥에 귀리, 물을 넣고 백미 모드로
익힌 후 넓은 접시에 펼쳐 한 김 식힌다.

2 애호박, 표고버섯, 파프리카, 양파, 당근,
닭가슴살은 모두 1~1.5cm 크기로 깍둑 썬다.
*크기를 균일하게 썰어야 에어프라이어에서
고르게 익고 식감도 좋아요.

3 큰 볼에 손질한 채소, 닭가슴살, 밑간 재료를
넣고 골고루 버무린다.

4 에어프라이어 바스켓에 ③을 겹치지 않도록
골고루 펼쳐 담는다. 180°C로 예열한
에어프라이어에서 15분간 익힌다.
중간에 재료를 골고루 섞는다.
*에어프라이어 성능에 따라 익는 시간이
조금씩 다를 수 있으니, 중간중간 색과 향을
체크하세요.

5 볼에 드레싱 재료를 넣어 골고루 섞는다.

6 **바로 먹기** 그릇에 샐러드 재료를 골고루 담고
드레싱을 곁들인다.

Salad Note

✓ 냉장 보관 후 따뜻하게 먹고 싶다면 전자레인지에 30초~1분 정도 데워요.

✓ 닭가슴살 대신 연어, 두부, 병아리콩 등 다양한 단백질 재료로 대체 가능해요.

✓ 귀리 대신 원하는 통곡물로 대체 가능해요.

3~5회 밀프렙 추천해요. 모든 재료를 3~5배수로 늘려 준비하고,
보관 용기도 3~5개 준비한 후 각각 1회분씩 담아요.

* 18쪽 밀프렙 샐러드 공식 참고
* 냉장 보관 5일 가능

3 귀리를 담고 뚜껑을 덮어
냉장 보관한다.

2 구운 채소, 닭가슴살을 담는다.

1 보관 용기에 드레싱 재료를
모두 넣고 섞는다.

콥 샐러드 + 랜치 요거트 드레싱

Salad
Note

☑ 닭가슴살 대신 햄, 훈제오리를 넣어도 잘 어울려요.
☑ 치즈는 페타, 체다, 파르미지아노 레지아노 등 취향대로 선택하세요.
☑ 랜치 드레싱 대신 비네그레트 드레싱으로 대체 가능해요.

콥 샐러드는 미국 캘리포니아에서 탄생한 대표적인 클래식 샐러드예요. 1930년대 할리우드의
한 레스토랑에서, 남은 재료들을 모아 만든 것이 그 시작이라고 해요. 여러 가지 재료를 가지런히
플레이팅하는 것이 특징이며, 브런치나 식사 대용으로 즐기기 좋은 든든한 샐러드랍니다.

조리시간 30~35분 / 1회분

- 잎채소 1줌(40g)
- 오이 1/4개(50g)
- 방울토마토 4개(60g)
- 아보카도 1/2개
- 삶은 닭가슴살 1쪽(100g)
  * 삶는 법 34쪽 또는 익힌 제품 활용
- 삶은 달걀 1개
- 페타치즈 1큰술
- 통조림 옥수수 2큰술

랜치 요거트 드레싱

- 무가당 그릭 요거트 2큰술
- 마요네즈 1큰술
- 레몬즙 1큰술
- 꿀 1큰술
- 다진 양파 1큰술
- 다진 마늘 1작은술
- 소금 약간
- 후춧가루 약간

1 잎채소는 먹기 좋은 크기로 뜯는다.

2 오이는 씨를 제거하고 반달 모양으로
0.5cm 두께로 썬다. 아보카도는 껍질,
씨를 제거하고 한입 크기로 깍둑 썬다.
방울토마토는 2등분한다.

3 삶은 닭가슴살은 결대로 찢는다.
삶은 달걀은 한입 크기로 썬다.

4 볼에 드레싱 재료를 넣고 골고루 섞는다.

5 **바로 먹기** 그릇에 샐러드 재료를
나란히 담고 드레싱을 곁들인다.

3회 밀프렙 추천해요. 모든 재료를 3배수로 늘려 준비하고,
보관 용기도 3개 준비한 후 각각 1회분씩 담아요.
* 18쪽 밀프렙 샐러드 공식 참고
* 냉장 보관 3~4일 가능

③ 잎채소는 가장
마지막에 담고
뚜껑을 덮어
냉장 보관한다.

② 아보카도
→ 오이
→ 통조림 옥수수
→ 방울토마토
→ 닭가슴살
→ 달걀
→ 페타치즈 순으로 담는다.

① 보관 용기에 드레싱 재료를
모두 넣고 섞는다.

소고기 미나리 샐러드 + 들깨 간장 드레싱

Salad Note

- 미나리는 너무 잘게 썰기보다, 잎 위주로 담아야 더 향긋해요.
- 소고기 대신 표고버섯, 양송이버섯, 새송이버섯 등 다양한 버섯으로 대체해도 잘 어울려요.
- 먹기 전 샐러드에 레몬즙을 곁들이면 더욱 상큼하게 즐길 수 있어요.
- 따뜻한 밥 위에 샐러드를 올리고 수란을 곁들이면 덮밥처럼 든든한 한 끼가 돼요.

샐러드라고 하면 보통 가볍고 담백한 한 끼를 떠올리지만, 이 샐러드는 밥 반찬으로도 손색없는
일품요리 같은 샐러드예요. 신선한 채소에 촉촉하게 익힌 샤브샤브 소고기를 더해 맛과 영양을 모두 챙겼고,
고소한 들깨 드레싱이 고기의 풍미를 업그레이드해줘요. 손님 초대 상차림에서도 인기 만점인 메뉴랍니다.

조리시간 20~25분 / 1회분

- 소고기 샤브샤브용 120g
- 느타리버섯 1줌(50g)
- 양파 1/8개(25g)
- 파프리카 1/4개(50g, 또는 무)
- 미나리 1줌(20g, 또는 깻잎, 돌나물)

들깨 간장 드레싱
- 생들기름 2큰술
- 들깨가루 2큰술(또는 통깨 간 것)
- 화이트 발사믹식초 1큰술
  (또는 식초 1큰술 + 알룰로스 약간)
- 레몬즙 1/2큰술
- 양조간장 1큰술
- 다진 마늘 1/2큰술

1 양파, 파프리카는 가늘게 채 썬다.
양파는 찬물에 5분간 담가 매운맛을
뺀 후 체에 밭쳐 물기를 제거한다.
미나리는 4~5cm 길이로 썬다.

2 느타리버섯은 가닥가닥 뜯는다.

3 김이 오른 찜기에 소고기,
느타리버섯을 펼쳐 올린다.
뚜껑을 덮고 중간 불에서 4~5분간
익힌 후 한 김 식힌다.

4 볼에 드레싱 재료를 넣고 골고루 섞는다.

5 **바로 먹기** 그릇에 샐러드 재료를 담고
드레싱을 곁들인다.

3회 밀프렙 추천해요. 모든 재료를 3배수로 늘려 준비하고,
보관 용기도 3개 준비한 후 각각 1회분씩 담아요.

** 18쪽 밀프렙 샐러드 공식 참고*
** 냉장 보관 3~4일 가능*

Meal Prep

③ 미나리는 가장 위에
담고 뚜껑을 덮어
냉장 보관한다.

② 양파 → 소고기
→ 느타리버섯 → 파프리카
순으로 담는다.

① 보관 용기에 드레싱 재료를
모두 넣고 섞는다.

SUMMER

무더위에 잃어버린 입맛,
싱싱한 여름 식재료로 되찾아보는 건 어떨까요?
강렬한 태양을 받고 자란 토마토와 수박처럼 원색의 에너지를 담은
12가지 샐러드를 소개해요.
새콤달콤한 드레싱이 어우러진 여름 샐러드는
지친 일상에 활력을 불어넣는 가장 완벽한 보양식이 될 거예요.

1 —— 

달콤하고 시원한 여름 재료

옥수수, 감자, 토마토, 오이, 수박,
망고 등을 활용해 시원하고 달콤한
여름 기운을 느껴보세요.

2 —— 

다양한 영양 곡물 & 저탄수면

귀리, 쿠스쿠스, 통밀 또띠아로
영양과 포만감을 더했어요.

3 —— 

풍부한 단백질 재료

닭가슴살, 페타치즈, 생모짜렐라,
순두부, 연어, 소고기를 더해
균형 잡힌 맛을 즐기세요.

쿠스쿠스 루콜라 샐러드 + 머스터드 드레싱

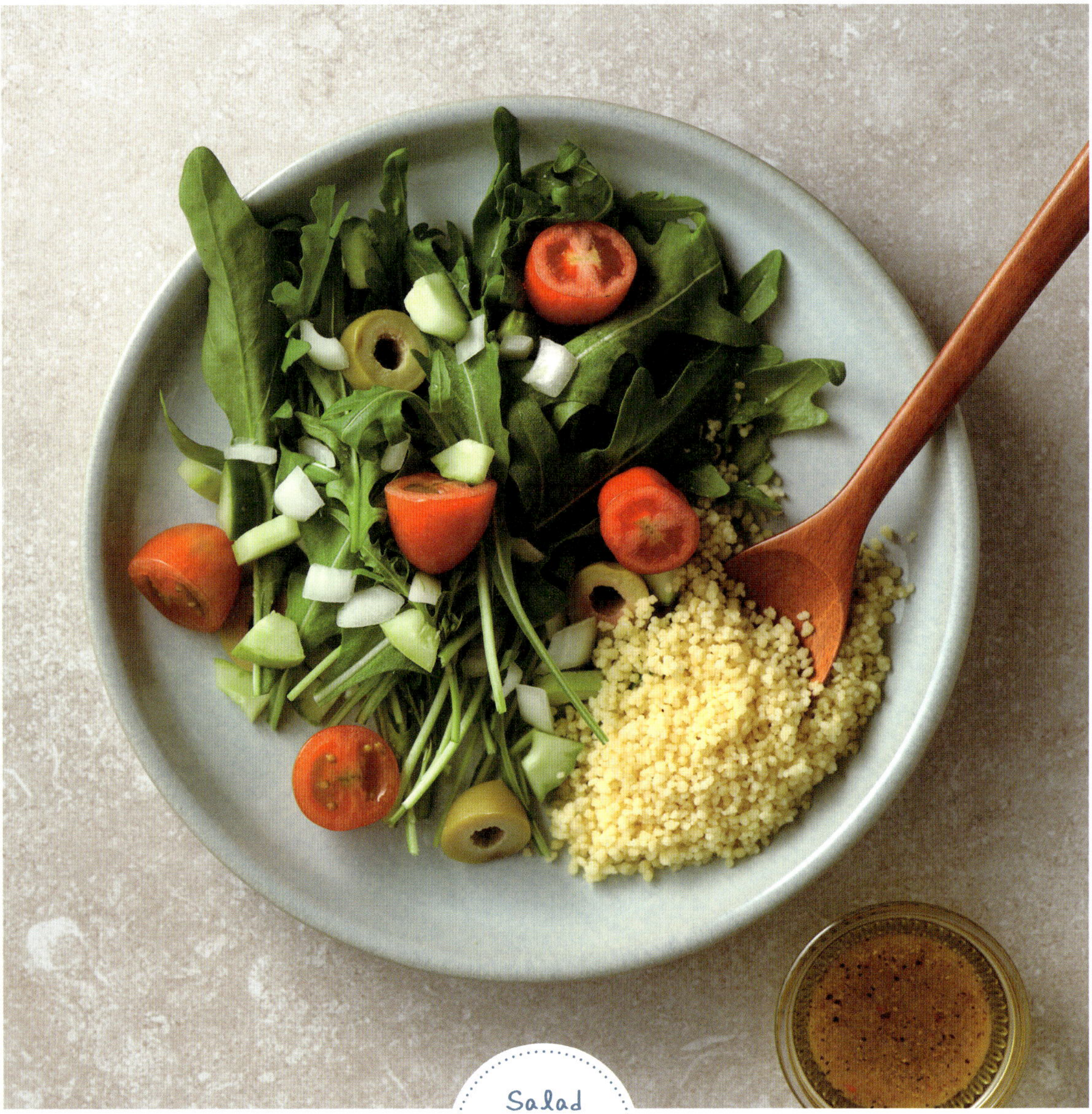

Salad Note

- 쿠스쿠스는 뜨거운 물에 불려 사용하는 파스타예요. 삶지 않아도 간편하게 준비할 수 있어요.
- 닭가슴살, 훈제 연어, 병아리콩 등 원하는 단백질을 추가해 든든한 한 끼 식사로 즐기세요.
- 기호에 따라 파슬리, 바질 등 허브를 곁들여도 잘 어울려요.

샐러드 바에서 자주 보이는 쿠스쿠스 샐러드. 건강한 식습관을 유지하면서 바쁜 일상에서 효율적으로
식사를 해결하고 싶다면, 이 쿠스쿠스 샐러드 밀프렙을 추천해요. 여기에 닭가슴살이나 구운 연어 등을 추가하면
더 든든한 한 끼가 됩니다. 밥처럼 편하게 떠서 먹을 수 있는 이 샐러드, 꼭 한 번 만들어보세요.

조리시간 25~30분 / 1회분

- 쿠스쿠스 40g
- 양파 1/10개(20g)
- 오이 1/4개(50g)
- 방울토마토 4개(60g)
- 올리브 4개
- 루콜라 1줌(20g)
- 올리브유 1큰술

머스터드 드레싱

- 올리브유 2 큰술
- 레몬즙 1큰술
- 화이트 발사믹초 1/2큰술
  (또는 식초 1/2큰술 + 알룰로스 약간)
- 홀그레인 머스터드 1/2큰술
- 소금 1작은술
- 후춧가루 약간

1 볼에 쿠스쿠스, 올리브유를 넣어
가볍게 섞는다. 쿠스쿠스와 같은 양의
뜨거운 물을 붓고 뚜껑이나 접시로 덮어
5분간 그대로 둔다. 포크로 살살 긁어
뭉치지 않도록 풀어준다.
* 뚜껑을 덮어 두면 쿠스쿠스가
촉촉하게 익고, 식감도 부드러워져요.

2 양파는 굵게 다진 후 찬물에 5분간
담가 매운맛을 빼고 체에 밭쳐
물기를 제거한다. 오이는 길게 2등분해
씨를 제거하고 한입 크기로 썬다.
방울토마토, 올리브는 2등분한다.
루콜라는 한입 크기로 뜯는다.

3 **바로 먹기** 그릇에 샐러드 재료를 골고루
담고 드레싱을 섞어 곁들인다.

Meal Prep

3회 밀프렙 추천해요. 모든 재료를 3배수로 늘려 준비하고,
보관 용기도 3개 준비한 후 각각 1회분씩 담아요.
* 18쪽 밀프렙 샐러드 공식 참고
* 냉장 보관 3~4일 가능

3 루콜라를 맨 위에
올리고 뚜껑을 덮어
냉장 보관한다.

2 양파 → 쿠스쿠스
→ 올리브 → 오이
→ 방울토마토 순으로
담는다.

1 보관 용기에 드레싱 재료를
모두 넣고 섞는다.

감자 그린빈 샐러드
+ 더블 머스터드 비네그레트 드레싱

레시피 88쪽

프렌치 스타일의 감자 샐러드를 소개할게요. 마요네즈 대신 올리브유와 식초로 가볍게 버무려
느끼함 없이 산뜻하게 즐길 수 있는 샐러드예요. 육류 요리의 사이드 메뉴로도 어울리고,
가볍게 한 끼로 즐기기에도 좋아요. 담백하지만 특별한 한 접시, 오늘은 프렌치 무드로 즐겨보세요.

초당옥수수 양배추 샐러드
+ 머스터드 요거트 드레싱

레시피 90쪽

여름 제철만 되면 기다려지는 그 맛, 입안 가득 퍼지는 초당옥수수의 자연스러운 단맛을
부드러운 코울슬로에 담아봤어요. 샐러드로 그대로 즐겨도 좋고, 바삭한 빵 사이에 끼워 샌드위치로 먹어도
정말 맛있어요. 고기 요리나 감자 요리에 곁들이는 사이드 메뉴로도 완벽한 만능 레시피예요.

감자 그린빈 샐러드

조리시간 30~35분 / 1회분

- 감자 1개(약 120g, 중간 사이즈)
- 그린빈 8개(또는 냉동 그린빈, 40g)
- 적양파 1/10개(또는 양파, 20g)
- 올리브 8개

더블 머스터드 비네그레트 드레싱

- 올리브유 2큰술
- 레몬즙 1큰술
- 디종 머스타드 1작은술
- 홀그레인 머스타드 1작은술
- 소금 약간
- 후춧가루 약간

1 감자는 한입 크기로 8등분한다.
그린빈은 2~3등분한다.
★ 감자의 크기에 따라 조각 수를 조절해 주세요.
너무 작으면 흐트러질 수 있어요.

2 끓는 물에 소금 약간, 감자를 넣어 4분간 삶는다.
그린빈을 추가로 넣어 1분간 더 데친다.
찬물에 가볍게 헹궈 체에 밭쳐 물기를 제거한다.
★ 그린빈은 너무 오래 삶지 말고 살짝만 익혀야
아삭한 식감이 살아나요.

3 적양파는 얇게 썬다. 찬물에 5분간 담가
매운맛을 뺀 후 체에 밭쳐 물기를 제거한다.
올리브는 2~3등분한다.
★ 짠맛이 강한 올리브일 경우, 찬물에 한 번 헹구어
사용하면 맛이 더 깔끔해요.

4 볼에 드레싱 재료를 넣고 섞는다.

5 **바로 먹기** 그릇에 샐러드 재료를 담고
드레싱을 곁들인다.

✓ 그린빈은 냉동 제품을 사용하면 계절에 상관없이 쉽게 구할 수 있어요.
익히는 시간은 동일해요.
✓ 한입 크기로 썬 감자는 내열 용기에 넣고 물 3큰술을 부은 후 전자레인지에서 약 4분간 익혀도 좋아요.
✓ 삶은 달걀을 곁들여도 잘 어울려요.

3~5회 밀프렙 추천해요. 모든 재료를 3~5배수로 늘려 준비하고,
보관 용기도 3~5개 준비한 후 각각 1회분씩 담아요.

★ 18쪽 밀프렙 샐러드 공식 참고
★ 냉장 보관 5일 가능

③ 감자, 그린빈을 넣고
뚜껑을 덮어 냉장 보관한다.

② 적양파 → 올리브를 넣는다.

① 보관 용기에 드레싱 재료를
모두 넣고 섞는다.

초당옥수수 양배추 샐러드

조리시간 30~35분 / 1회분

- 닭가슴살 80g
- 초당옥수수 50g(또는 통조림 옥수수)
- 오이 1/4개(50g)
- 양파 1/8개(25g)
- 양배추 3장(손바닥 크기, 약 100g)

머스터드 요거트 드레싱
- 무가당 그릭 요거트 2큰술
- 올리브유 1큰술
- 레몬즙 1큰술
- 화이트 발사믹식초 1/2큰술
  (또는 식초 1/2큰술 + 알룰로스 약간)
- 홀그레인 머스터드 1작은술
- 소금 1/2작은술
- 후춧가루 약간

1 냄비에 물을 넉넉히 붓고 중간 불에서 끓인다.
물이 끓기 시작하면 닭가슴살을 넣고
약 15분간 삶는다. 속까지 충분히 익으면
닭가슴살을 꺼내어 한 김 식힌 후
결을 따라 손으로 촉촉하게 찢어 준비한다.
★ 삶을 때 통후추나 마늘, 월계수잎을 함께 넣으면
잡내 없이 부드럽게 익어요.

2 오이는 씨를 제거하고 굵게 다진다.
양파도 같은 크기로 다진 후 찬물에 5분간 담가
매운맛을 뺀 후 물기를 제거한다.
양배추는 얇게 채 썬다.
★ 양배추는 채칼을 사용하면 일정한 두께로
얇게 썰기 쉬워요.

3 김이 오른 찜기에 초당옥수수를 올리고
뚜껑을 덮어 약 10분간 찐다. 한 김 식힌 후
칼등 또는 얇은 칼로 알맹이만 도려낸다.
★ 칼날보다는 칼등을 사용해 옥수수를 세워 위에서
아래로 긁듯이 알맹이를 잘라야 흐트러지지 않아요.

4 **바로 먹기** 큰 볼에 드레싱 재료를 넣어 섞는다.
오이, 양배추, 초당옥수수를 넣고 드레싱과 섞어
콘샐러드처럼 만든 후 양배추, 닭가슴살에 곁들인다.

☑ 바삭하게 구운 통밀빵이나 베이글 사이에 샐러드를 듬뿍 넣어보세요.
촉촉한 닭가슴살과 고소한 드레싱이 잘 어울려 든든한 브런치 메뉴로 손색 없어요.
☑ 얇게 썬 사과 위에 한 스푼씩 얹으면 색다른 간식 또는 애피타이저로 즐길 수 있어요.
달콤한 과일과 고소한 치킨 코울슬로의 조합이 의외로 잘 어울린답니다.
☑ 구운 감자, 생선구이, 고기 요리에 곁들이는 사이드 메뉴로도 잘 어울려요.

3회 밀프렙 추천해요. 모든 재료를 3배수로 늘려 준비하고,
보관 용기도 3개 준비한 후 각각 1회분씩 담아요.

* 18쪽 밀프렙 샐러드 공식 참고
* 냉장 보관 3~4일 가능

3 양배추 → 닭가슴살
순으로 넣고 뚜껑을 덮어
냉장 보관한다.

2 양파 → 오이 → 초당옥수수를
넣는다.

1 보관 용기에 드레싱 재료를
모두 넣고 섞는다.

보코치니 토마토 샐러드 + 바질 페스토

Salad
Note

☑ 식빵이나 치아바타에 넣으면 샌드위치로 즐길 수 있어요.

☑ 삶은 숏파스타를 더하면 더 든든한 샐러드로 활용 가능해요.

상큼한 방울토마토에 허브향 가득한 바질페스토, 부드러운 보코치니 치즈를 더해 만든
이탈리아식 샐러드예요. 오이와 루콜라로 식감을 살리고, 크러시드 페퍼로
매콤한 풍미를 더했어요. 간단하지만 근사한 애피타이저나 브런치 메뉴로 잘 어울려요.

조리시간 15~20분 / 1회분

- 보코치니 5개
  (또는 미니 생모짜렐라 치즈)
- 방울토마토 6개(90g)
- 오이 1/4개(50g)
- 루콜라 1줌(20g)
- 크러시드 페퍼 약간(생략 가능)

바질 페스토
- 바질잎 10g
- 올리브유 2큰술
- 잣 1/2큰술
- 파르미지아노 레지아노 치즈 간 것 1큰술
  (또는 그라나파다노 치즈, 생략 가능)
- 마늘 1개
- 소금 1작은술

1 방울토마토는 2등분한다.
오이는 길게 2등분한 후 모양대로 썬다.
★ 오이의 씨를 제거해서 만들어도 좋아요.
씨를 제거하면 보관 시 물기가 적게 생겨요.

2 루콜라는 한입 크기로 뜯는다.

3 보코치니 치즈는 포장된 물기를 제거하고
체에 밭쳐두거나 키친타월로 가볍게 눌러
남은 수분을 닦아낸다.

4 믹서나 블렌더에 바질페스토 재료를
모두 넣고 곱게 간다.
★ 올리브유는 한 번에 다 넣기보다
조금씩 부어가며 농도를 조절하면
더 부드럽게 갈려요. 원하는 농도에 따라
물이나 레몬즙을 소량 추가해도 좋아요.

5 **바로 먹기** 그릇에 샐러드 재료를
골고루 담고 바질페스토를 곁들인다.

Meal Prep

3회 밀프렙 추천해요. 모든 재료를 3배수로 늘려 준비하고,
보관 용기도 3개 준비한 후 각각 1회분씩 담아요.
★ 18쪽 밀프렙 샐러드 공식 참고
★ 냉장 보관 3~4일 가능

3 맨 위에 루콜라를 올려
뚜껑을 덮어 냉장 보관한다.
먹기 전에 크러시드 페퍼를
곁들인다.

2 방울토마토 → 오이 →
보코치니 순으로 담는다.

1 보관 용기에 바질 페스토를 담는다.

심플 그릭 샐러드 + 이탈리안 비네그레트 드레싱

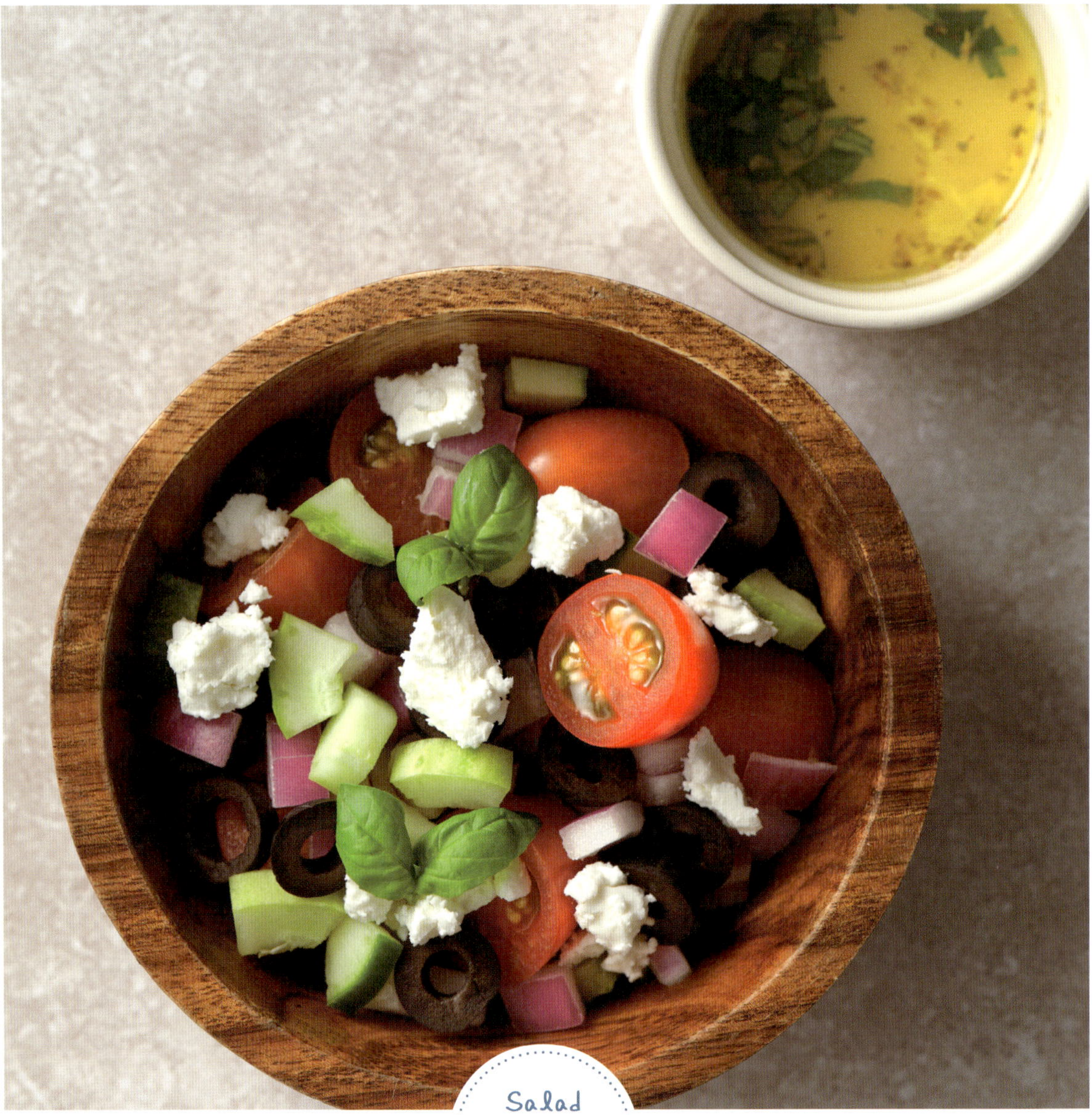

Salad Note

- 익혀서 차갑게 식힌 파스타나 곡류와 섞어 먹어도 좋아요.
- 바질은 너무 오래 다지면 향이 날아갈 수 있으니, 칼로 빠르게 썰어주는 게 좋아요.

지중해의 맛을 가득 담은 심플한 그릭 샐러드입니다. 신선한 채소와 짭짤한 페타치즈,
올리브의 조화가 입맛을 돋우니, 간단하면서도 맛있게 건강한 한 끼를 즐기기에 충분해요.
특히 더운 날씨에 시원하게 먹기 좋은 여름철 인기 메뉴랍니다.

조리시간 15~20분 / 1회분

- 페타치즈 30g
  (또는 리코타치즈, 크럼블치즈)
- 방울토마토 6개(90g)
- 오이 1/4개(또는 셀러리, 50g)
- 적양파 1/8개(또는 양파, 25g)
- 블랙올리브 6개
- 바질잎 약간

이탈리안 비네그레트 드레싱
- 올리브유 2큰술
- 레몬즙 1큰술
- 채 썬 바질잎 5g
- 소금 약간
- 후춧가루 약간
- 말린 오레가노 약간(또는 다른 허브)

1 방울토마토는 2등분한다.
오이는 길게 2~4등분한 후 모양대로 썬다.
** 오이의 씨를 제거해서 만들어도 좋아요.*
씨를 제거하면 보관 시 물기가 적게 생겨요.

2 적양파는 굵게 다진 후 찬물에 5분간
담가 매운맛을 뺀 후 물기를 제거한다.
블랙올리브는 2등분한다.
드레싱용 바질은 잘게 다진다.

3 볼에 드레싱 재료를 넣어 골고루 섞는다.

4 **바로 먹기** 그릇에 샐러드 재료를 담고
드레싱을 곁들인다.

Meal Prep

3회 밀프렙 추천해요. 모든 재료를 3배수로 늘려 준비하고,
보관 용기도 3개 준비한 후 각각 1회분씩 담아요.
* 18쪽 밀프렙 샐러드 공식 참고
* 냉장 보관 3~4일 가능

3 페타 치즈를 올린 후
뚜껑을 덮어 냉장 보관한다.
먹기 전에 바질을 곁들여요.

2 적양파 → 오이
→ 방울토마토
→ 블랙올리브 순으로 담는다.

1 보관 용기에 드레싱 재료를
모두 넣고 섞는다.

수박 페타치즈 샐러드 + 라임 발사믹 드레싱

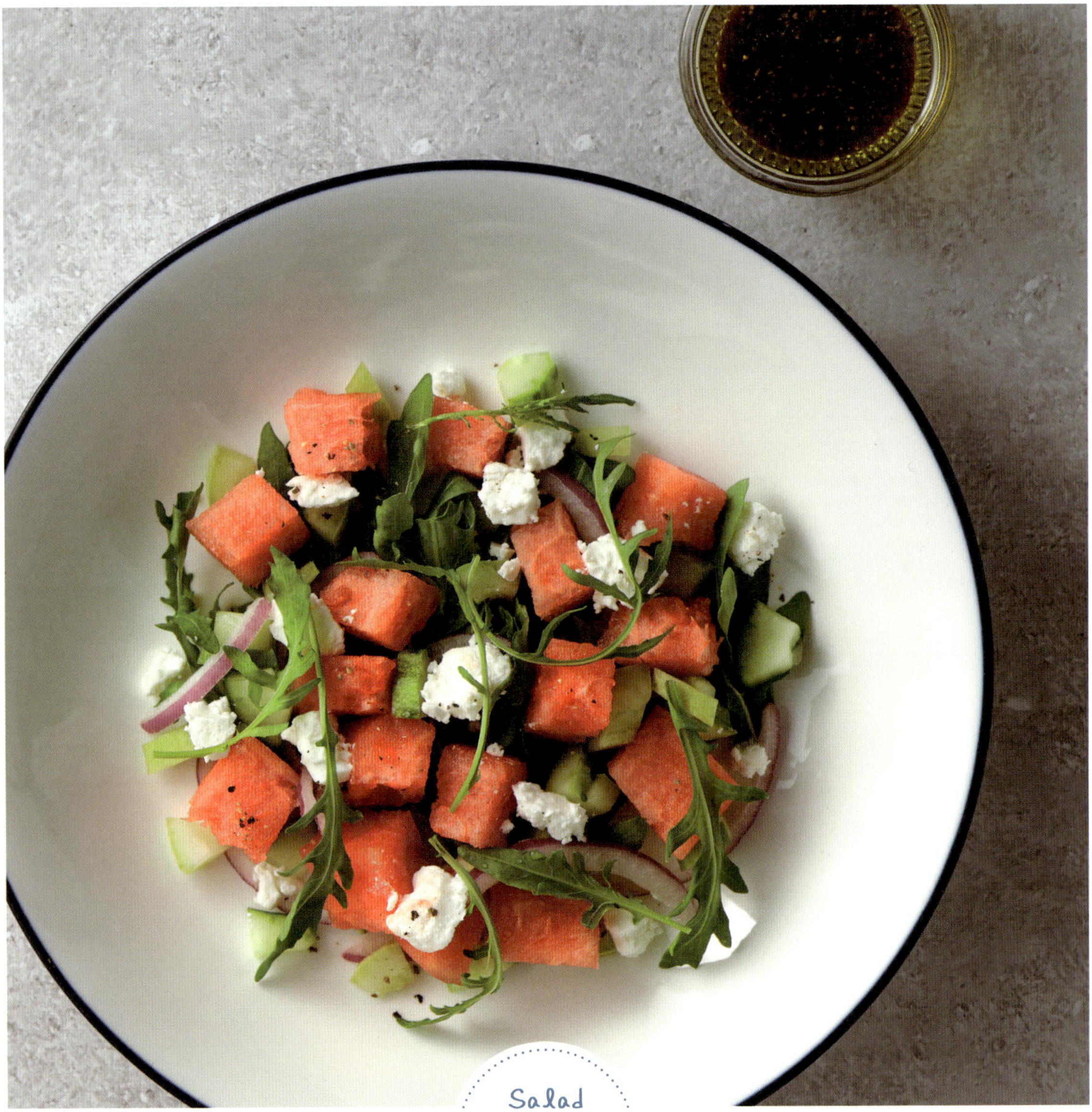

Salad Note

- 수박은 물기가 많으니 썰어놓은 후 키친타월에 잠시 올려두면 샐러드가 덜 물러져요.
- 고기 요리 곁들이는 여름철 사이드 샐러드로 활용해보세요.

여름 하면 가장 먼저 떠오르는 과일, 바로 수박이죠. 시원하고 달콤한 수박을 샐러드로 즐겨본 적 있나요?
이 샐러드는 달콤한 과일에 짭짤한 치즈, 그리고 향긋한 루콜라를 더해 무더위에 지친 입맛도 확 살아나게
한답니다. 여름이 아니면 맛볼 수 없는 계절 샐러드로 여름의 풍미를 가득 느껴보세요.

조리시간 20~25분 / 1회분

- 수박 150g
- 페타치즈 30g
  (또는 리코타치즈, 부라타치즈)
- 오이 1/4개(50g)
- 적양파 1/10개(또는 양파, 20g)
- 루콜라 1줌(20g,
  또는 어린잎 채소, 바질, 민트)
- 통후추 간 것 약간

라임 발사믹 드레싱

- 올리브유 2큰술
- 라임즙 1큰술(또는 레몬즙)
- 발사믹식초 1/2큰술
- 소금 1/2작은술
- 후춧가루 약간

1 수박은 붉은 과육 부분만 골라
  씨를 제거한 후, 먹기 좋은 크기로
  깍둑 썬다.

2 루콜라는 한입 크기로 뜯는다.

3 오이는 길게 4등분한 후
  씨를 제거하고 모양대로 썬다.
  적양파는 가늘게 채 썬 후
  찬물에 5분간 담가 매운맛을 뺀 후
  체에 밭쳐 물기를 제거한다.

4 볼에 드레싱 재료를 넣어 골고루 섞는다.

5 **바로 먹기** 그릇에 샐러드 재료를 담고
  드레싱을 곁들인다.

3회 밀프렙 추천해요. 모든 재료를 3배수로 늘려 준비하고,
보관 용기도 3개 준비한 후 각각 1회분씩 담아요.

* 18쪽 밀프렙 샐러드 공식 참고
* 냉장 보관 3~4일 가능

③ 루콜라를 올리고
뚜껑을 덮어
냉장 보관한다.

② 적양파 → 오이 → 수박
→ 페타치즈 순으로 담는다.

① 보관 용기에 드레싱 재료를
모두 넣고 섞는다.

순두부 마요 과일 샐러드

+ 순두부 마요 드레싱

순두부와 땅콩버터로 만든 건강한 마요네즈를 활용한 과일 샐러드예요.
효소와 식이섬유가 풍부한 채소와 과일을 듬뿍 넣어, 소화에도 도움을 주고 든든하게
즐길 수 있어요. 마요네즈 없이도 충분히 크리미하고 고소하답니다.

3회 밀프렙 추천해요. 모든 재료를 3배수로 늘려 준비하고,
보관 용기도 3개 준비한 후 각각 1회분씩 담아요.

* 18쪽 밀프렙 샐러드 공식 참고

* 냉장 보관 3~4일 가능

How to Cook

만드는 방법은
100~101쪽을 참고하세요.

③
다진 땅콩을 올리고
뚜껑을 덮어
냉장 보관한다.

②
사과 → 고구마 → 오렌지
→ 오이 순으로 담는다.

* 갈변을 막기 위해
사과 위에 레몬즙을 약간
뿌려주면 좋아요.

①
보관 용기에
순두부 마요 드레싱을 넣는다.

순두부 마요 과일 샐러드

조리시간 30~35분 / 1회분

- 고구마 1~2개(약 100g)
- 사과 1/4개(약 50g)
- 오렌지 1/4개
- 오이 1/4개(약 50g)
- 다진 땅콩 1큰술(또는 다른 견과류)

순두부 마요 드레싱
- 순두부 1/6모(60g)
- 땅콩버터 1큰술
- 올리브유 1/2큰술
- 화이트 발사믹식초 1/2큰술
  (또는 식초 1/2큰술 + 알룰로스 약간)
- 소금 약간

1 김이 오른 찜기에 고구마를 올려 중간 불에서
25~30분간 쪄서 속까지 부드럽게 익힌다.

2 사과와 오이는 껍질을 벗기거나
기호에 따라 껍질째로 먹기 좋은 크기로 썬다.
*사과는 갈변을 막기 위해 레몬즙을 살짝 뿌려두면
좋아요. 오이의 씨를 제거해서 만들어도 좋아요.
씨를 제거하면 보관 시 물기가 적게 생겨요.

3 오렌지는 40쪽을 참고해 과육만 깔끔하게
발라내 먹기 좋은 크기로 썬다.
*과육만 발라내면 식감이 훨씬 부드럽고,
드레싱과도 잘 어우러져요.

4 블렌더에 드레싱 재료를 모두 넣고
부드러운 크림처럼 곱게 간다.

5 바로 믹기 그릇에 셀러드 재료를 골고루 담고
드레싱을 곁들인다.

☑ 고구마 크기에 따라 익는 시간이 다를 수 있으니,
젓가락으로 가운데를 찔러보아 부드럽게 들어가면 완전히 익은 상태예요.
☑ 드레싱의 농도는 순두부 양이나 올리브유의 양으로 조절할 수 있어요.
더 새콤한 맛을 원하면 레몬즙을, 고소함을 원하면 땅콩버터를 살짝 더해도 좋아요.

니스와즈 샐러드 + 디종 머스터드 드레싱

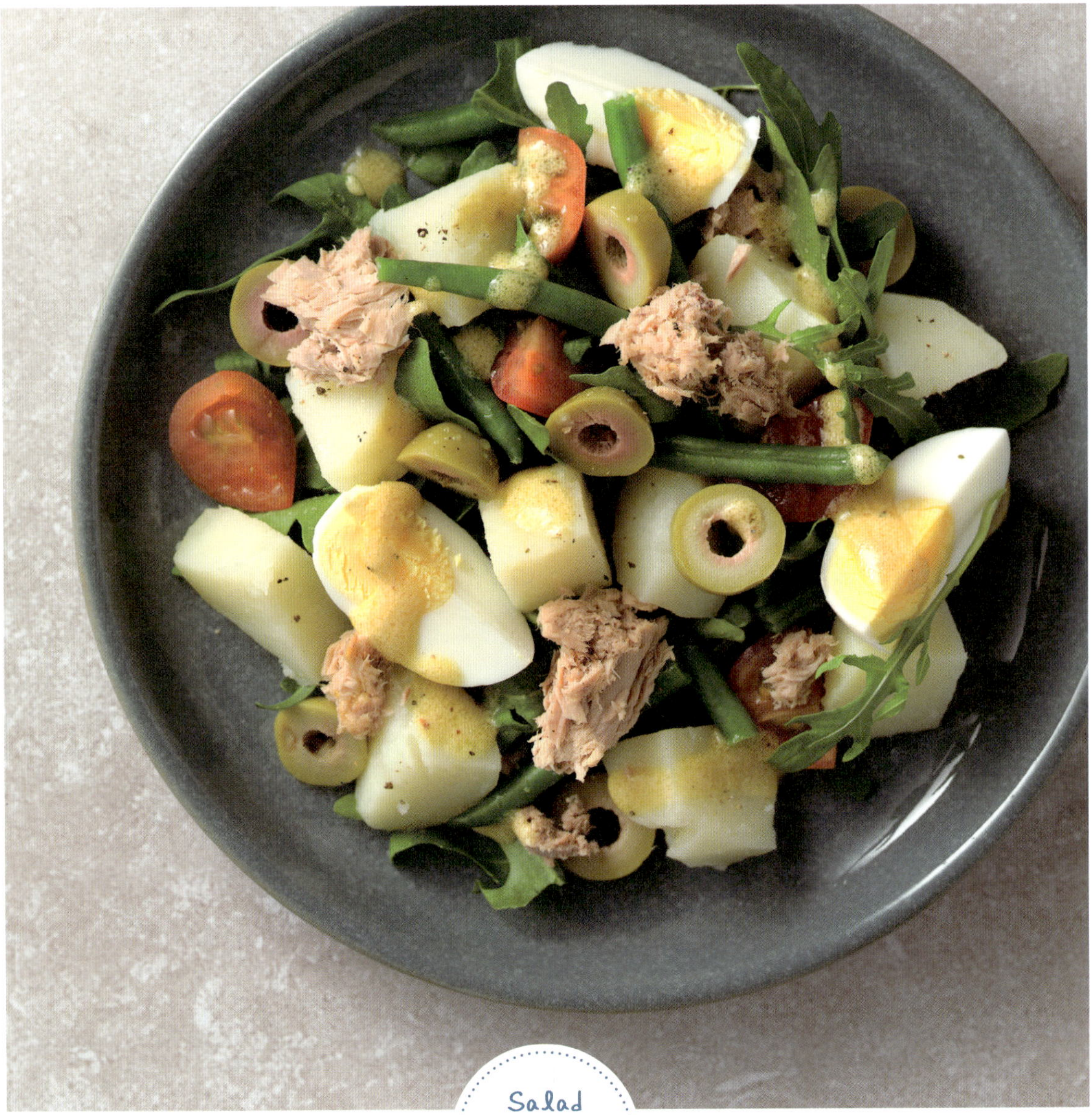

Salad Note

- 감자, 그린빈, 달걀은 조리 후 반드시 식혀 보관 용기에 담으세요.
- 참치 대신 앤초비를 다져서 넣으면 감칠맛이 더해져 더 깊은 풍미를 느낄 수 있어요.
단, 둘 다 넣을 경우는 소금 간을 줄이거나 드레싱을 살짝 연하게 해서 짠맛 밸런스를 맞추세요.
- 드레싱에 약간의 다진 마늘을 넣으면 풍미가 살아나요.

프랑스 남부 니스 지역을 대표하는 니스와즈 샐러드는 감자, 달걀, 참치, 채소가 조화롭게 어우러져
한 끼 식사로 완벽한 샐러드입니다. 간단한 재료와 조리법이지만, 맛과 영양이 균형 잡힌 샐러드로 누구나 쉽게
만들 수 있어요. 짭짤한 참치와 고소한 올리브, 상큼한 드레싱이 감자의 부드러움과 잘 어울립니다.

조리시간 20~25분 / 1회분

- 감자 1/2개(큰 사이즈, 약 100g)
- 그린빈 8개(40g)
- 방울토마토 4개(60g)
- 올리브 6개
- 삶은 달걀 1개
- 통조림 참치 50g(또는 앤초비 2개)
- 루콜라 약간(생략 가능)
- 통후추 간 것 약간

디종 머스터드 드레싱

- 올리브유 2큰술
- 애플사이다비네거 1큰술(또는 레몬즙)
- 디종 머스터드 1/2큰술
- 소금 약간
- 후춧가루 약간

1 감자는 한입 크기로 6등분한다.
그린빈은 2~3등분한다.
방울토마토와 올리브는 2등분하고,
삶은 달걀은 4등분한다.

2 끓는 물에 소금, 감자를 넣고 4분간
삶는다. 그린빈을 넣고 1분간 더 삶은 후
찬물에 헹궈 체에 밭친 후
물기를 제거한다.
*그린빈은 너무 오래 데치면
식감이 떨어지니 마지막에 넣고
짧게 익히는 것이 포인트예요.

3 통조림 참치는 체에 밭쳐
기름을 먼저 충분히 뺀 후
뜨거운 물을 끼얹어 비린 맛을 줄이고,
가볍게 물기를 털어둔다.

4 **바로 먹기** 그릇에 샐러드 재료를 담고
드레싱을 섞어 곁들인다.

3~5회 밀프렙 추천해요. 모든 재료를 3~5배수로 늘려 준비하고,
보관 용기도 3~5개 준비한 후 각각 1회분씩 담아요.

* 18쪽 밀프렙 샐러드 공식 참고
* 냉장 보관 5일 가능

3 삶은 달걀을 담고
기호에 따라 루콜라를
올린 후 뚜껑을 덮어
냉장 보관한다.

2 감자 → 그린빈
→ 통조림 참치
→ 방울토마토
→ 올리브 순으로 담는다.

1 보관 용기에 드레싱 재료를
모두 넣고 섞는다.

연어장 포케 샐러드

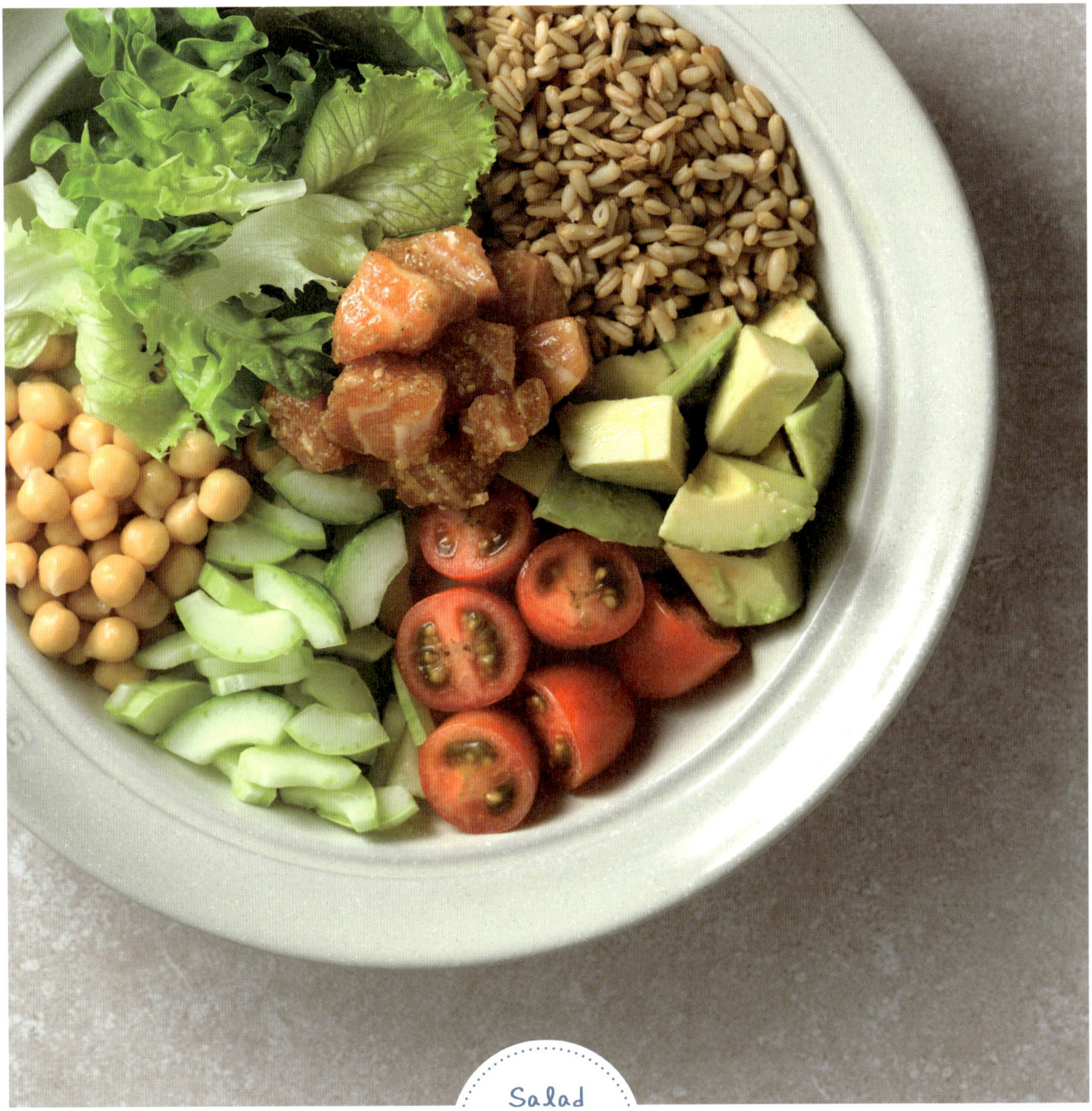

Salad Note

- 연어는 겉면에 기름기가 많을 경우 키친타월로 가볍게 눌러 닦으세요.

비타민이 가득한 신선한 채소, 단백질을 제공하는 연어, 영양가 높은 귀리,
크리미한 아보카도까지 어우러진 완벽한 탄단지 밸런스 샐러드입니다.
귀리를 넣어 씹는 식감을 살리고 칼로리는 낮춰, 포만감 있는 한 끼로 즐기기 제격이랍니다.

조리시간 30~35분 / 1회분

- 연어 100g
- 귀리 100g(또는 현미, 흑미 등)
- 아보카도 1/2개
- 방울토마토 4개(60g)
- 오이 1/4개(50g)
- 잎채소 1줌(40g)
- 삶은 병아리콩 1~2큰술(생략 가능)
  ★ 삶는 법 31쪽 또는 이힌 제품 활용

연어장 양념
- 양조간장 1큰술
- 화이트 발사믹식초 1큰술
  (또는 식초 1큰술 + 알룰로스 약간)
- 참기름 1/2큰술
- 와사비 1/2큰술
- 다진 양파 1큰술
- 통깨 간 것 1큰술

1 전기 밥솥에 귀리, 물을 넣고 백미 모드로
익힌 후 넓은 접시에 펼쳐 한 김 식힌다.

2 방울토마토는 2등분하고,
오이는 씨를 제거하고 반달 모양이나
깍둑 썬다. 잎채소는 한입 크기로 뜯는다.

3 아보카도는 껍질, 씨를 제거하고
깍둑 썬다.

4 연어는 한입 크기로 썬다.
★ 연어는 냉장 상태에서 손질해야 모양이
흐트러지지 않고 깔끔하게 썰 수 있어요.

5 볼에 연어장 양념 재료를 넣어
골고루 섞은 후 연어를 넣고 버무린다.

6 **바로 먹기** 그릇에 다른 재료를 골고루
담은 후 연어장과 함께 비벼 먹는다.

Meal Prep

3회 밀프렙 추천해요. 모든 재료를 3배수로 늘려 준비하고,
보관 용기도 3개 준비한 후 각각 1회분씩 담아요.
★ 18쪽 밀프렙 샐러드 공식 참고
★ 냉장 보관 3일 가능

3 오이 → 방울토마토
→ 병아리콩 → 귀리
→ 잎채소 순으로 담고
뚜껑을 덮어 냉장 보관한다.

2 연어와 아보카도를 넣고
양념이 잘 배도록 섞는다.

1 보관 용기에 연어장 양념 재료를
모두 넣고 섞는다.

망고살사와 구운 닭다리살 샐러드
+ 허니 레몬 비네그레트 드레싱

달콤한 망고살사에 매콤함을 더한 여름철 인기 샐러드. 노릇하게 구운 닭다리살을 곁들여
단백질까지 챙길 수 있어요. 입맛 없을 때도 상큼하게 즐기기 좋은 메뉴랍니다.

3회 밀프렙 추천해요. 모든 재료를 3배수로 늘려 준비하고,
보관 용기도 3개 준비한 후 각각 1회분씩 담아요.

* 18쪽 밀프렙 샐러드 공식 참고
* 냉장 보관 3~4일 가능

③ 잎채소를 넣고
뚜껑을 덮어 냉장 보관한다.

② 닭다리살을 담는다.

① 보관 용기에 망고살사를 담는다.

망고살사와 구운 닭다리살 샐러드

1

2, 3

조리시간 25~30분 / 1회분

- 닭다리살 100g
- 망고 1/2개(손질 후, 100g)
- 오이 1/4개(50g)
- 방울토마토 4개(60g)
- 적양파 1/8개(25g)
- 청양고추 1개(또는 할라피뇨)
- 고수 4~5줄기(또는 파슬리 약간, 10g)
- 잎채소 1줌(40g)
- 올리브유 약간

허니 레몬 비네그레트 드레싱
- 올리브유 2큰술
- 레몬즙 1큰술(또는 라임즙)
- 꿀 1작은술
- 소금 1/2작은술
- 후춧가루 약간

1 닭다리살은 키친타월로 겉면의 수분을 제거한 뒤, 소금, 후춧가루로 간을 해 10분 정도 재운다.

2 망고는 껍질과 씨를 제거한 뒤 작게 깍둑 썬다.

3 오이는 길게 4등분한 후 씨 부분을 제거하고 잘게 다진다. 방울토마토, 오이, 적양파, 청양고추, 고수도 잘게 다진다. 잎채소는 한입 크기로 뜯는다.
★ 매운맛을 조금 줄이고 싶다면 청양고추의 씨를 제거하고 사용하세요.

4 5

4 볼에 드레싱 재료를 모두 넣고 골고루 섞은 후 망고, 방울토마토, 오이, 적양파,
청양고추, 고수를 넣어 버무려 망고살사를 만든다.

5 달군 팬에 올리브유를 두르고 닭다리살을 올려 중간 불에서 앞뒤로
노릇하게 굽는다. 한 김 식힌 후 한입 크기로 썬다.
* 뚜껑을 덮고 구우면 더욱 촉촉하게 익힐 수 있어요.

6 **바로 먹기** 그릇에 잎채소를 담고 닭다리살을 올린 후 망고 살사를 곁들인다.

◡ 닭다리살은 껍질을 제거하고 구우면 더 담백하게 즐길 수 있어요.

◡ 망고는 너무 익기 전 단단한 상태를 사용하면 식감이 더 좋아요.

◡ 통밀 또띠아에 싸서 망고살사 치킨랩으로 즐겨도 좋아요.

매콤한 오리엔탈 소고기 샐러드

+ 매콤 오리엔탈 드레싱

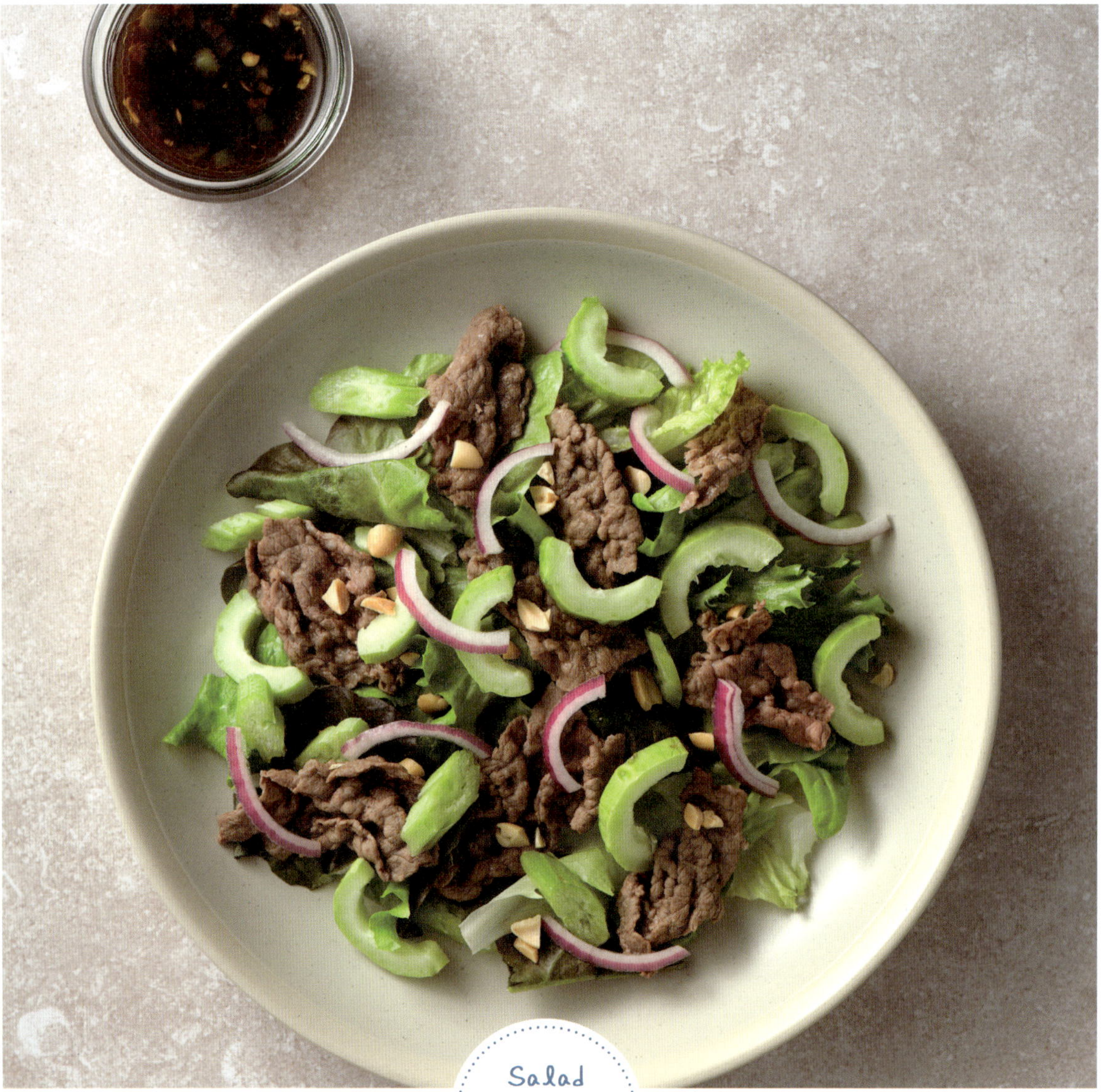

Salad Note

- 너무 얇은 불고기감은 오래 구우면 질겨지므로 1분 내외로 빠르게 조리합니다.
- 통곡물(퀴노아, 귀리, 현미밥)을 추가하면 한 끼 식사 샐러드로 충분해요.
- 삶은 누들 또는 파스타를 넣으면 동남아식 누들 샐러드로 즐길 수 있어요.
- 모짜렐라 치즈를 곁들여 오픈 토스트 토핑으로 활용해도 잘 어울립니다.
- 또띠아에 싸서 먹으면 오리엔탈 비프 랩으로도 좋아요.

매콤하고 상큼한 동남아식 드레싱이 매력적인 오리엔탈 소고기 샐러드입니다.
오이와 셀러리의 아삭한 식감, 고소하게 구운 소고기, 잎채소가 어우러져 입맛을 확 살려주는
이국적인 한 끼예요. 맛있게 즐겨보세요.

조리시간 15~20분 / 1회분

- 소고기 불고기용 80g
  (또는 부채살, 느타리버섯)
- 오이 1/4개(50g)
- 셀러리 1/2대(약 15cm, 15g)
- 잎채소 1줌(40g)
- 적양파 1/10개(또는 양파, 20g)
- 다진 땅콩 1큰술(또는 캐슈넛)
- 소금 약간
- 후춧가루 약간

매콤 오리엔탈 드레싱
- 올리브유 2큰술
- 양조간장 1큰술
- 레몬즙 1큰술
- 참기름 1/2큰술
- 피시소스 1작은술(또는 액젓)
- 설탕 1작은술
- 다진 마늘 1/2작은술
- 다진 청양고추 약간

1 오이는 길게 2등분해
씨를 제거하고 모양대로 썬다.
셀러리는 섬유질이 질긴 부분은 벗겨내고
오이와 비슷한 크기로 썬다.

2 잎채소는 한입 크기로 뜯는다.
적양파는 가늘게 채 썬 후
찬물에 5분간 담가 매운맛을 뺀 후
체에 밭쳐 물기를 제거한다.

3 달군 팬에 소고기를 올리고
중간 불에서 앞뒤로 노릇하게 굽는다.
불을 끄고 소금, 후춧가루를 뿌려 간한다.

4 볼에 드레싱 재료를 넣고 골고루 섞는다.

5 **바로 먹기** 그릇에 샐러드 재료를 담고
드레싱을 곁들인다.

Meal Prep

3회 밀프렙 추천해요. 모든 재료를 3배수로 늘려 준비하고,
보관 용기도 3개 준비한 후 각각 1회분씩 담아요.

★ 18쪽 밀프렙 샐러드 공식 참고
★ 냉장 보관 3~4일 가능

3 잎채소를 올린 후
뚜껑을 덮어
냉장 보관한다.

2 적양파 → 소고기
→ 셀러리 → 오이
→ 다진 땅콩을 넣는다.

1 보관 용기에 드레싱 재료를
모두 넣고 섞는다.

타코 샐러드 + 치폴레 드레싱

멕시코 타코에서 영감을 받아 탄생한 텍사스 멕시칸 스타일의 퓨전 샐러드예요. 특유의 매콤하고
풍성한 맛이 특징이죠. 통밀 또띠아에 싸서 브리토처럼 먹거나, 허브 레몬밥(만들기 115쪽)을 곁들여
한 끼 식사로 즐기기에도 좋아 활용도가 높고 질리지 않는 메뉴랍니다.

How to Cook

만드는 방법은
114~115쪽을 참고하세요.

Meal Prep

3회 밀프렙 추천해요. 모든 재료를 3배수로 늘려 준비하고,
보관 용기도 3개 준비한 후 각각 1회분씩 담아요.

* 18쪽 밀프렙 샐러드 공식 참고
* 냉장 보관 3~4일 가능

3
맨 위에 양상추를
올린 후 뚜껑을 덮어
냉장 보관한다.

2
방울토마토
→ 통조림 옥수수
→ 검은콩 → 파프리카
→ 볶은 소고기
→ 슈레드 체다치즈
순으로 담는다.

1
보관 용기에 드레싱 재료를
모두 넣고 섞는다.

타코 샐러드

조리시간 30~35분(+ 검은콩 불리기 6시간) / 1회분

- 다진 소고기 80g(또는 닭가슴살, 구운 두부)
- 검은콩 2큰술(또는 병아리콩)
- 양상추 1줌(40g, 또는 로메인)
- 방울토마토 4개(60g)
- 파프리카 1/4개(50g)
- 통조림 옥수수 2큰술
- 슈레드 체다치즈 1큰술(생략 가능)
- 소금 약간

치폴레 드레싱
- 무가당 그릭 요거트 2큰술
- 마요네즈 1큰술
- 레몬즙 1/2큰술
- 다진 양파 1큰술
- 꿀 1/2큰술
- 스리라차 소스 1작은술
- 소금 약간
- 후춧가루 약간

1 검은콩은 물에 담가 6시간 이상 불린다.
끓는 물에 불린 검은콩을 넣고
중약 불에서 15분간 삶는다.
체에 밭쳐 식히고 물기를 제거한다.
* 콩을 삶는 중간에 물이 너무 졸아들면
따뜻한 물을 추가하세요.

2 양상추는 한입 크기로 썬다.
방울토마토는 2등분하고, 파프리카는 채 썬다.

3 달군 팬에 다진 소고기, 소금을 넣고
중간 불에서 수분이 날아갈 때까지 볶는다.
넓은 접시에 펼쳐 식힌다.
* 잡내 제거를 위해 후춧가루나 마늘가루를
약간 넣어 볶아도 좋아요.

4 볼에 드레싱 재료를 넣어 골고루 섞는다.

5 **바로 먹기** 그릇에 샐러드 재료를 담고
드레싱을 곁들인다.

⊘ 매콤한 맛을 원한다면 할라피뇨를 넣거나, 먹기 직전에 스리라차 소스를 살짝 뿌려보세요.
⊘ 또띠아칩이나 나초칩을 곁들여 간식처럼 즐겨도 좋아요
⊘ 또띠아에 싸서 먹거나 밥을 넣어 타코 보울 스타일로 먹으면 든든한 식사가 돼요.
⊘ 허브 레몬밥을 곁들여 든든하게 즐겨보세요. 볼에 따뜻한 밥(100g), 레몬즙(1/2큰술), 올리브유(1작은술), 소금 약간, 후춧가루
약간을 넣고 섞은 후 다진 허브(1/2큰술, 고수, 이탈리안 파슬리 등), 다진 쪽파(1/2작은술)를 넣고 섞어 완성해요.

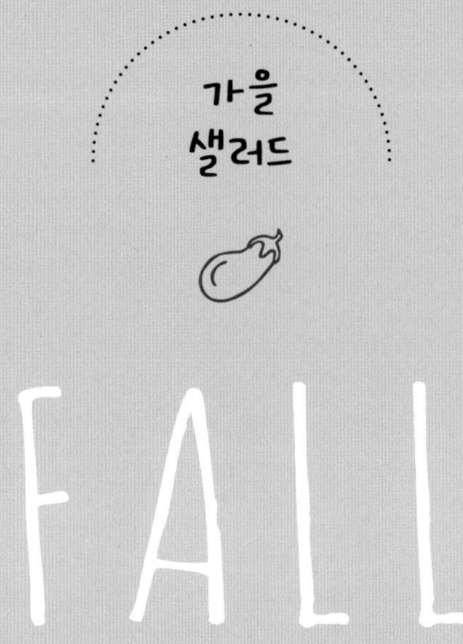

FALL

마음이 차분해지는 계절을 맞아,
우리 몸을 따뜻하게 보듬어줄 가을 샐러드를 준비했어요.
자연이 가장 정성스러운 결실을 선물하는 시기죠.
그 풍성함을 담은 샐러드는 한 끼 식사로도 손색없는 묵직한 영양을 선사합니다.
계절의 변화를 닮아 깊어진 맛,
서두르지 말고 천천히 그 풍미를 느껴보세요.

1 — **든든한 가을 재료**

연근, 단감, 단호박 등을 활용해
깊어가는 가을의 기운을 느껴보세요.

2 — **다양한 영양 곡물 & 저탄수면**

통밀 숏파스타, 통밀빵으로
영양과 포만감을 더했어요.

3 — **풍부한 단백질 재료**

문어, 리코타치즈, 닭가슴살,
렌틸콩, 병아리콩, 생새우살로
균형 잡힌 맛을 즐기세요.

양배추 단감 샐러드 + 머스터드 드레싱

Salad Note

✓ 매운맛을 원한다면 드레싱에 청양고추를 다져 넣어 보세요.

✓ 이탈리안 파슬리 대신 깻잎을 넣어도 잘 어울려요.

✓ 통밀빵 사이에 넣어 샌드위치로 즐겨도 잘 어울려요.

채소를 살짝 쪄서 먹으면 소화가 쉬워지고, 영양소 흡수율도 높아진다는 사실, 알고 계셨나요?
양배추 속 글루코시놀레이트는 열을 가하면 활성화되어 항염 효과가 더 높아지고, 당근은 익혀 먹을 때 베타카로틴
흡수율이 무려 6배까지 증가한다고 해요. 자극 없이 속을 편안하게 채워줄 건강한 한 접시로 추천해요.

조리시간 20~25분 / 1회분

- 양배추 4장(손바닥크기, 약 120g)
- 당근 1/4개(50g)
- 단감 1/2개
- 이탈리안 파슬리 4~5줄기

머스터드 드레싱
- 올리브유 2 큰술
- 애플사이다비네거 1/2큰술(또는 레몬즙)
- 홀그레인 머스터드 1/2작은술
- 소금 약간
- 후춧가루 약간

1 양배추, 당근은 얇고 길게 채 썬다.
  ★ 양배추와 당근을 비슷한 크기로
  맞춰 썰면 식감이 균일하고 먹기 좋아요.

2 단감도 당근과 비슷한 크기로 채 썬다.
  이탈리안 파슬리는 잎부분만 굵게 다진다.

3 김이 오른 찜기에 양배추, 당근을
  올리고 5분간 찐다. 한 김 식힌 후
  손으로 물기를 가볍게 짠다.
  ★ 물기를 짠 후 보관해야 물이 생기지
  않아요.

4 볼에 드레싱 재료를 넣고 골고루 섞는다.

5 **바로 먹기** 그릇에 샐러드 재료를 담고
  드레싱을 곁들인다.

3회 밀프렙 추천해요. 모든 재료를 3배수로 늘려 준비하고,
보관 용기도 3개 준비한 후 각각 1회분씩 담아요.

★ 18쪽 밀프렙 샐러드 공식 참고
★ 냉장 보관 3~4일 가능

연근 사과 샐러드 + 땅콩버터 요거트 드레싱

Salad
Note

⊘ 연근은 썬 뒤 식초물에 잠시 담갔다가 사용하면 색이 변하는 것을 막을 수 있어요.

⊘ 드레싱이 굳어 있다면 실온에 잠시 두었다가 섞으면 부드럽게 풀려요.

⊘ 밀프렙으로 보관해 차갑다면, 전자레인지에 약 30초 정도만 데워도 좋아요.

연근은 특별한 식감과 은은한 단맛이 매력적인 뿌리채소죠.
연근에 함유된 뮤신 성분은 위장을 보호하고, 혈당을 조절하며, 숙면에도 도움을 준답니다.
소화 기능이 약하거나 건강한 식단을 원한다면, 연근을 활용해보세요.

조리시간 20~25분 / 1회분

- 연근 1/4개(약 75g)
- 당근 1/4개(50g)
- 사과 1/4개(50g)
- 오이 1/5개(40g)
- 적양파 1/10개(또는 양파, 20g)
- 다진 땅콩 1큰술(또는 다른 견과류)
- 레몬즙 1큰술(밀프렙용)

요거트 땅콩버터 드레싱
- 무가당 그릭 요거트 2큰술
- 무가당 땅콩버터 1큰술
  (또는 아몬드버터, 캐슈넛버터, 들깨가루)
- 화이트 발사믹식초 1큰술
  (또는 식초 1큰술 + 알룰로스 약간)
- 소금 약간
- 후춧가루 약간

1 연근, 당근은 얇게 슬라이스한다.
사과는 껍질째 얇게 썰고,
오이는 길게 2등분한 후 씨를 제거하고
모양대로 썬다.

2 적양파는 채 썬 후 찬물에
5분에 담가 매운맛을 뺀 후 체에 받쳐
물기를 제거한다.

3 끓는 물에 연근을 넣어 1분간 데친다.
당근을 넣어 2분간 함께 더 데친 후
건져낸다. 체에 받쳐 한 김 식힌다.

4 바로 먹기 그릇에 샐러드 재료를 담고
드레싱을 섞어 곁들인다.

3회 밀프렙 추천해요. 모든 재료를 3배수로 늘려 준비하고,
보관 용기도 3개 준비한 후 각각 1회분씩 담아요.

★ 18쪽 밀프렙 샐러드 공식 참고
★ 냉장 보관 3~4일 가능

③ 당근 → 오이 → 다진 땅콩
순으로 담고 뚜껑을 덮어
냉장 보관한다.

② 적양파 → 사과 → 연근 순으로
넣고 레몬즙을 뿌린다.

① 보관 용기에 드레싱 재료를
모두 넣고 섞는다.

리코타치즈 단호박 샐러드 + 발사믹 비네그레트 드레싱

Salad Note

◯ 리코타치즈는 수분이 많기 때문에, 물기를 살짝 제거하고 사용하면 더 깔끔해요.
샐러드 위에 자연스럽게 올려도 좋고, 스쿱으로 떠서 동그랗게 올려도 예뻐요.

◯ 홈메이드 리코타치즈로 더욱 담백하게 즐겨보세요. 냄비에 우유를 붓고 중간 불에서 끓여 가장자리에 살짝 기포가 생기면
불을 꺼요. 식초나 레몬즙을 조금씩 넣고 저어가며 덩어리가 생기도록 해요.
체 위에 면포를 깔고 천천히 부어 30분 정도 유청을 빼요. 소금을 약간 넣고 간을 맞춘 후 냉장 보관해요.

가을이면 가장 먼저 떠오르는 식재료, 단호박. 찐 단호박에 고소한 리코타치즈를 더하면 달콤하고 부드러운
가을 샐러드가 완성돼요. 포근한 맛과 부드러운 식감이 어우러져 누구나 좋아할 수밖에 없는 조합이죠.
리코타치즈를 직접 만들면 시중 제품보다 더 신선하고 부드러운 풍미를 즐길 수 있어요.

조리시간 40~45분 / 1회분

- 단호박 1/4개(100g)
- 잎채소 1줌(40g)
- 루콜라 1줌(또는 어린잎채소, 케일, 20g)
- 방울토마토 4개(60g)
- 리코타치즈 50g(또는 되직한 그릭 요거트)
- 다진 아몬드 1큰술

발사믹 비네그레트 드레싱
- 올리브유 2큰술
- 발사믹식초 1큰술
- 홀그레인 머스터드 1작은술
- 소금 약간
- 후춧가루 약간

1 잎채소, 루콜라는 한입 크기로 뜯는다.
방울토마토는 2등분한다.
단호박은 껍질째 1cm 두께로 썬다.
＊ 단호박은 너무 두껍게 자르면
익는 시간이 오래 걸려요.

2 김이 오른 찜기에 단호박을 올려
10분간 부드럽게 익힌다.
＊ 젓가락이 부드럽게 들어갈 정도면
충분해요.

3 볼에 드레싱 재료를 넣어 골고루 섞는다.

4 **바로 먹기** 그릇에 샐러드 재료를 담고
드레싱을 곁들인다.

3~5회 밀프렙 추천해요. 모든 재료를 3~5배수로 늘려 준비하고,
보관 용기도 3~5개 준비한 후 각각 1회분씩 담아요.
＊ 18쪽 밀프렙 샐러드 공식 참고
＊ 냉장 보관 5일 가능

3 잎채소 → 루콜라
→ 아몬드 슬라이스
순으로 담고 뚜껑을 덮어
냉장 보관한다.

2 방울토마토 → 단호박
→ 리코타치즈 순으로 담는다.

1 보관 용기에 드레싱 재료를
넣고 섞는다.

구운 뿌리채소 샐러드 + 요거트 드레싱

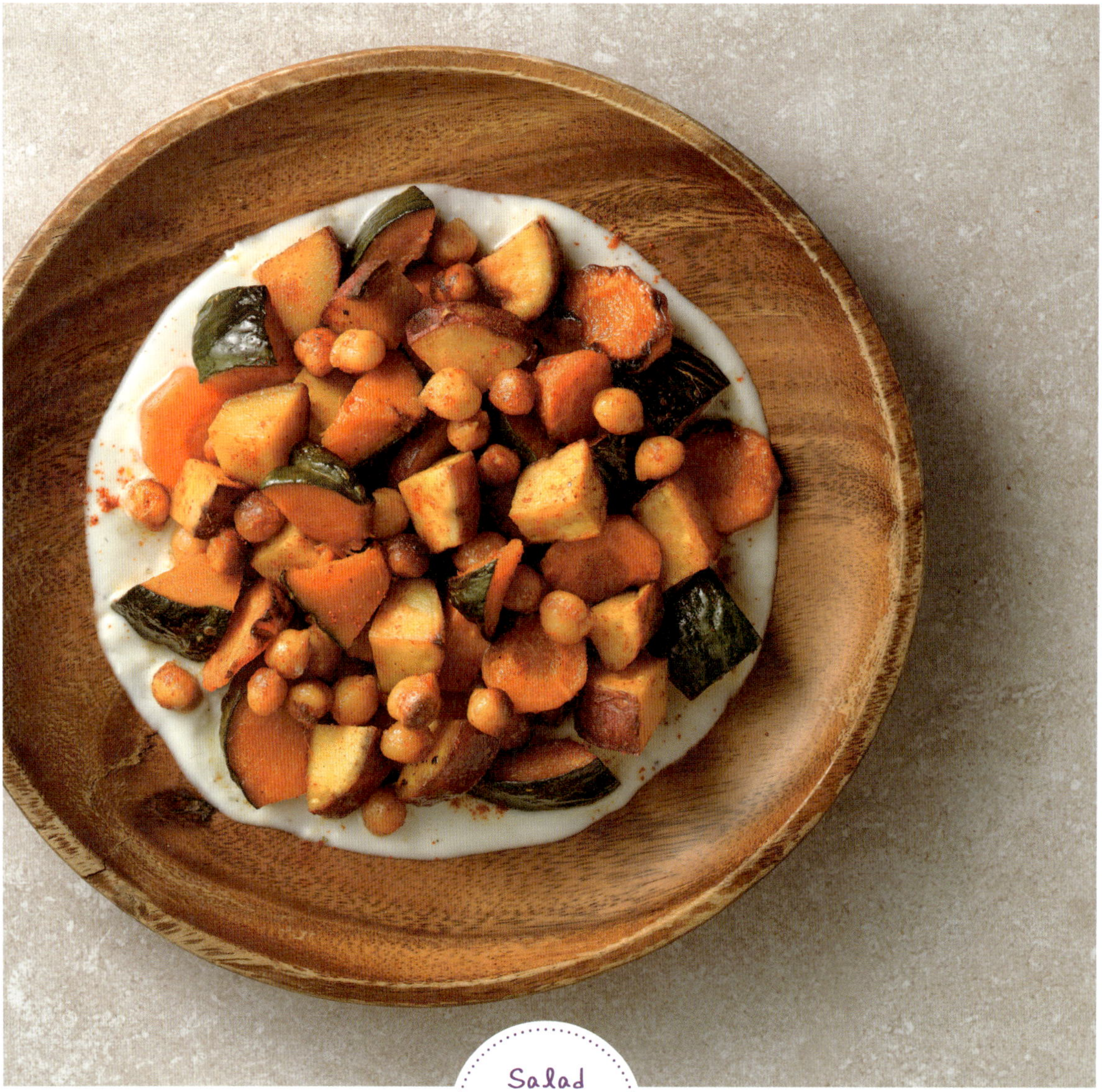

Salad Note

- 구운 채소는 좋아하는 걸로 준비해도 좋아요.
- 훈제 파프리카 가루를 채소에 발라 구우면 풍미가 살아나고 요거트 드레싱과 더 잘어울려요.

생채소의 아삭함과 또 다른 매력을 가진 구운 채소 샐러드를 소개합니다. 오븐이나 팬에서
뭉근하게 구워낸 채소는 수분이 빠지면서 특유의 단맛과 풍미가 깊어지죠.
냉장고에 남은 자투리 채소를 활용해도 좋습니다.

조리시간 30~35분 / 1회분

- 단호박 1/4개(약 70g)
- 고구마 1/2개(약 70g)
- 당근 1/5개(40g)
- 삶은 병아리콩 60g
  * 삶는 법 34쪽 또는 익힌 제품 활용
- 올리브유 1큰술
- 훈제 파프리카 가루 1작은술
- 소금 약간

요거트 드레싱

- 무가당 그릭 요거트 2큰술
- 올리브유 1큰술
- 레몬즙 1큰술
- 소금 약간
- 후춧가루 약간

1 단호박, 고구마, 당근은 한입 크기로 썬다.
  * 크기가 너무 작으면 구운 후 흐물해지니
  너무 작지 않게 썰어요.

2 볼에 손질한 채소, 올리브유, 소금,
  훈제 파프리카 가루를 넣고 골고루 섞는다.
  에어프라이어 바스켓에 겹치지 않게
  고르게 펴 담고 180℃에서 15분간 굽는다.

3 볼에 드레싱 재료를 넣고 골고루 섞는다.

4 **바로 먹기** 그릇에 드레싱을 넓게 펼쳐 담고
  익힌 채소들을 올린다. 기호에 따라
  훈제 파프리카 가루를 뿌린다.

Meal Prep

3회 밀프렙 추천해요. 모든 재료를 3배수로 늘려 준비하고,
보관 용기도 3개 준비한 후 각각 1회분씩 담아요.
* 18쪽 밀프렙 샐러드 공식 참고
* 냉장 보관 3~4일 가능

3 병아리콩을 담고
뚜껑을 덮어 냉장 보관한다.
* 기호에 따라 훈제 파프리카
가루를 뿌려요.

2 구운 채소를 담는다.

1 보관 용기에 드레싱 재료를
모두 넣고 섞는다.

렌틸콩 컬러푸드 샐러드 + 갈릭 머스터드 드레싱

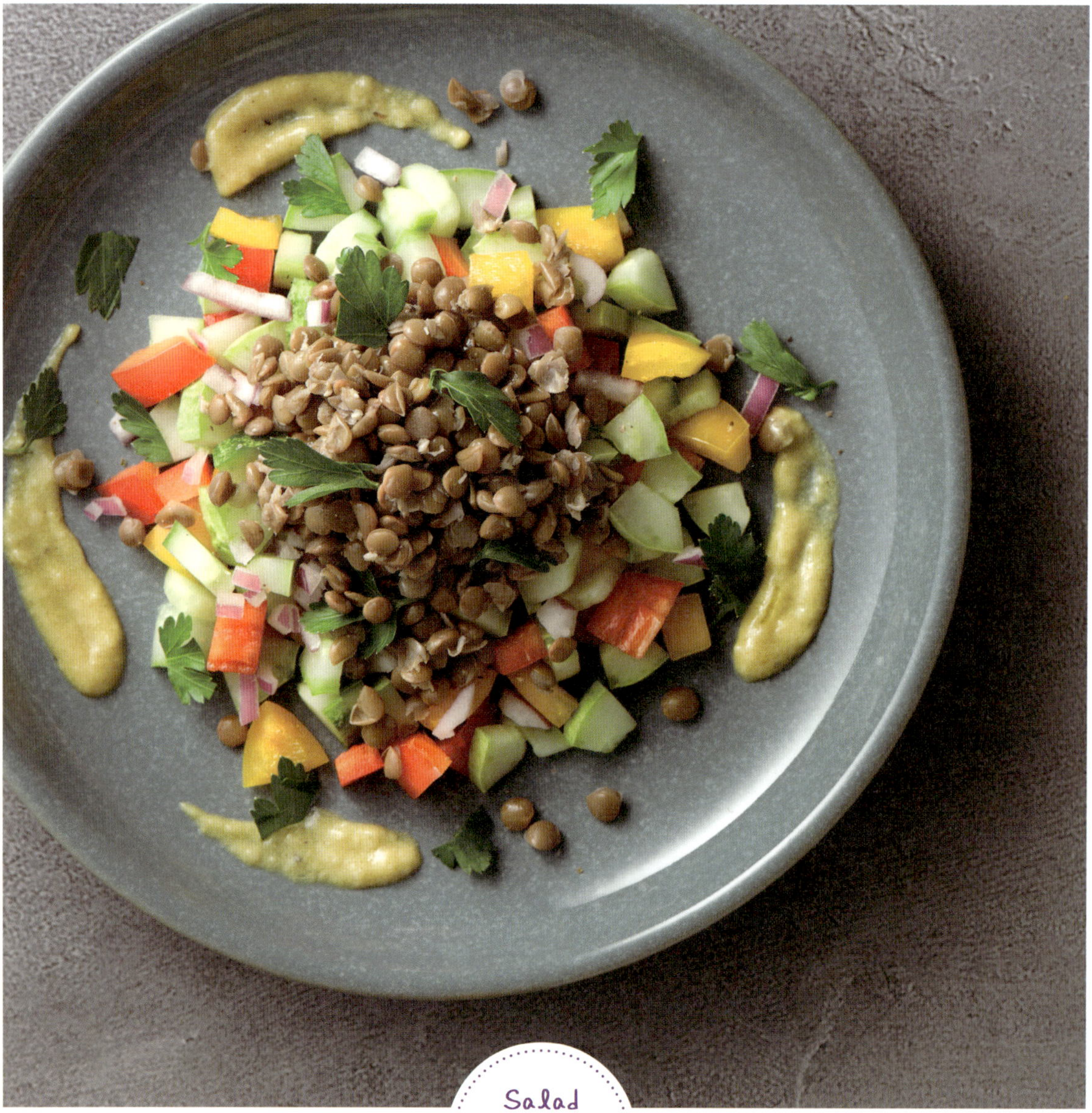

Salad Note

- 샐러드에 수란을 올리면 더욱 든든하게 즐길 수 있어요.
- 채료들을 모두 작게 썰어 숟가락으로 퍼 먹기 좋은 샐러드예요. 통밀 또띠아나 통밀빵을 곁들여도 잘 어울려요.

렌틸콩은 식물성 단백질과 식이섬유가 풍부해 포만감을 오래 유지시켜주는 훌륭한 재료예요.
아삭하고 상큼한 파프리카, 오이, 양파를 더하고 드레싱을 곁들이면 한 끼 식사로도 손색없는 건강한 샐러드가
완성돼요. 미리 만들어 냉장고에 보관하면, 바쁜 하루에도 간편하고 든든한 식사를 즐길 수 있어요.

조리시간 20~25분 / 1회분

- 렌틸콩 40g(또는 병아리콩, 검은콩)
- 오이 1/4개(또는 셀러리, 50g)
- 빨강 파프리카 1/4개(50g)
- 노랑 파프리카 1/4개(50g)
- 적양파 1/10개(또는 양파, 20g)
- 이탈리안 파슬리 5줄기
  (또는 바질, 민트, 깻잎)

갈릭 머스터드 드레싱
- 올리브유 2큰술
- 레몬즙 1큰술
- 디종 머스터드 1/2큰술
  (또는 홀그레인 머스터드)
- 다진 마늘 1/2작은술
- 소금 약간
- 후춧가루 약간

1 냄비에 물을 넉넉히 붓고 렌틸콩을 넣고
중간 불에서 15~20분간 삶는다.
*너무 오래 익히면 퍼질 수 있으니, 콩알이
살짝 단단하게 남아 있을 때 불을 끈다.

2 오이는 씨부분을 제거하고
사방 1cm 크기로 썬다.
파프리카도 같은 크기로 썬다.

3 적양파는 잘게 다진 뒤 찬물에 5분간
담가 매운맛을 뺀 후 체에 밭쳐
물기를 제거한다.
이탈리안 파슬리는 잎부분만 잘게 다진다.

4 **바로 먹기** 그릇에 샐러드 재료를 넣고
섞어 둔 드레싱을 곁들인다.

3회 밀프렙 추천해요. 모든 재료를 3배수로 늘려 준비하고,
보관 용기도 3개 준비한 후 각각 1회분씩 담아요.
* 18쪽 밀프렙 샐러드 공식 참고
* 냉장 보관 3~4일 가능

3 렌틸콩 →
이탈리안 파슬리를 담고
뚜껑을 덮어 냉장 보관한다.

2 적양파 → 오이 → 파프리카
순으로 담는다.

1 보관 용기에 드레싱 재료를
모두 넣고 섞는다.

팔라펠 샐러드 + 갈릭 요거트 드레싱

고기 없이도 든든한 단백질 샐러드. 고소한 병아리콩 반죽을 바삭하게 구워낸 팔라펠은, 중동과 지중해 지역에서 사랑받는 채식 단백질볼이에요. 겉은 바삭, 속은 촉촉! 상큼한 요거트 드레싱까지 곁들이면 입안에 지중해 풍미가 퍼진답니다. 고기 없이도 포만감 가득한 식단을 원한다면 이 샐러드 추천해요.

3~5회 밀프렙 추천해요. 모든 재료를 3~5배수로 늘려 준비하고, 보관 용기도 3~5개 준비한 후 각각 1회분씩 담아요.

* 18쪽 밀프렙 샐러드 공식 참고
* 냉장 보관 5일 가능

팔라펠 샐러드

1

2

3

4

조리시간 30~35분 / 1회분

- 잎채소 1줌(40g)
- 오이 1/4개(50g)
- 방울토마토 4개(60g)
- 적양파 1/8개(또는 양파, 25g)
- 올리브 약간(생략 가능)

팔라펠
- 불린 병아리콩 40g
- 양파 1/8개(25g)
- 마늘 1개
- 고수 5줄기(또는 파슬리)
- 커리 가루 1/3작은술
- 소금 1/2작은술
- 후추가루 약가

갈릭 요거트 드레싱
- 무가당 그릭 요거트 2큰술
- 레몬즙 1큰술
- 올리브유 1/2큰술
- 다진 마늘 1작은술
- 꿀 약간(생략 가능)
- 소금 약간
- 후춧가루 약간

1 푸드 프로세서에 팔라펠 재료를 모두 넣고 간다.
* 너무 곱게 갈면 반죽이 질어져 모양 잡기가
어려우니 입자가 고울 정도로만 갈아요.

2 반죽을 6등분하여 동글 납작하게 모양을 잡는다.

3 오븐팬이나 바스켓에 ②를 올리고
180℃의 에어프라이어에 넣어 15분간 굽는다.
중간에 한 번 뒤집어준다.
* 팬에서 구울 경우, 달군 팬에 식용유를 살짝
두르고 팔라펠을 올려 앞뒤로 노릇하게 구워요.
팔라펠이 부서질 수 있으니 옮길 때 주의해요.

4 잎채소는 한입 크기로 뜯는다.
오이는 길게 2등분한 후 모양대로 썰고,
방울토마토는 2등분한다.
적양파는 얇게 채 썰어 찬물에 5분간 담가
매운맛을 제거하고 체에 밭쳐 물기를 없앤다.

5 올리브는 2~3등분한다.

6 볼에 드레싱 재료를 넣어 골고루 섞는다.

7 <u>**바로 먹기**</u> 그릇에 샐러드 재료를 담고
드레싱을 곁들인다.

⊘ 팔라펠은 한 번에 넉넉히 구워 냉동해두면 샐러드 만들 때 더 빠르게 준비할 수 있어요.
⊘ 병아리콩은 6시간 이상 불려서 사용해요.

아보카도 새우 샐러드
+ 갈릭 비네그레트 드레싱

레시피 134쪽

아보카도는 건강한 불포화지방이 풍부해 포만감을 오래 지속시키고,
혈중 콜레스테롤 개선에도 도움을 줄 수 있어요. 여기에 단백질 가득한 새우를 더하면, 영양 밸런스가 좋은
든든한 샐러드가 된답니다. 빵에 넣어 샌드위치로 먹기에도 좋아요.

들깨 브로콜리 새우 샐러드

+ 들깨 드레싱

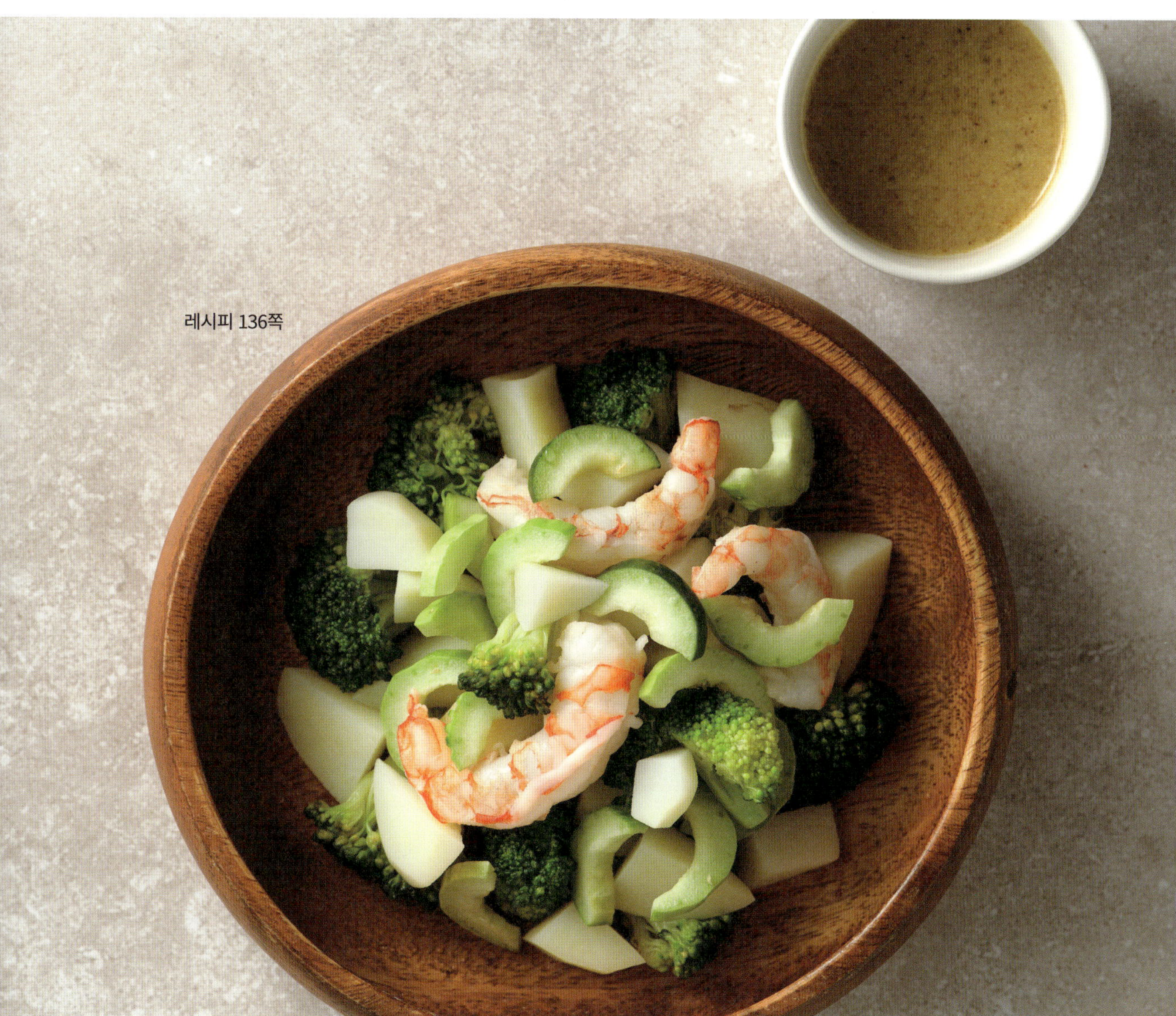

레시피 136쪽

아삭하게 쪄낸 브로콜리, 포슬포슬하게 익힌 감자에 고소한 들깨 드레싱을 더했어요.
가볍지만 든든해서 아침 식사로도 좋고, 속도 편해 자주 찾게 되는 메뉴랍니다.
간단한 밥 반찬으로도 잘 어울려요.

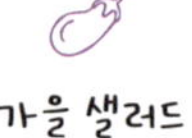

아보카도 새우 샐러드

조리시간 20~25분 / 1회분

- 냉동 생새우살 6마리
- 아보카도 1/2개
- 오이 1/4개(50g)
- 방울토마토 4개(60g)
- 잎채소 1줌(40g)
- 적양파 1/10개(또는 양파, 20g)

갈릭 비네그레트 드레싱
- 올리브유 2큰술
- 레몬즙 1큰술
- 다진 마늘 1작은술
- 소금 약간
- 후춧가루 약간

1 오이는 길게 2~4등분한 후 모양대로 썰고,
방울토마토는 2등분한다.
잎채소는 먹기 좋은 크기로 뜯는다.
★ 밀프렙용 오이는 씨를 제거하면 물이 덜 생겨요.

2 적양파는 얇게 슬라이스한 뒤, 찬물에 5분간 담가
매운맛을 제거하고 체에 밭쳐 물기를 없앤다.

3 아보카도는 껍질과 씨를 제거한 후 한입 크기로 썬다.

4 냉동 생새우살은 찬물에 10분간 담가 해동한다.
끓는 물에 소금 약간, 생새우살을 넣어 2분간 데친다.
★ 새우살을 데치는 대신 달군 팬에 올리브유를
살짝 두른 후 앞뒤로 노릇하게 굽거나
에어프라이어에 넣어 180℃에서 5분간 구워도 좋아요.
기호에 따라 훈제 파프리카 가루를 뿌려도 잘 어울려요.

5 볼에 드레싱 재료를 넣어 골고루 섞는다.

6 **바로 먹기** 그릇에 샐러드 재료를 담고
드레싱을 곁들인다.

Salad Note

✓ 오이는 씨를 제거하면 수분이 덜 생겨
밀프렙 샐러드를 며칠 동안 더 아삭하게 즐길 수 있어요.
✓ 아보카도는 갈변을 방지하기 위해
레몬즙을 뿌려두면 좋아요.

3회 밀프렙 추천해요. 모든 재료를 3배수로 늘려 준비하고,
보관 용기도 3개 준비한 후 각각 1회분씩 담아요.

* 18쪽 밀프렙 샐러드 공식 참고
* 냉장 보관 3~4일 가능

3 잎채소를 올린 후
뚜껑을 덮어 냉장 보관한다.

2 적양파 → 아보카도
→ 방울토마토 → 오이
→ 새우를 순서대로 넣는다.

1 보관 용기에 드레싱 재료를
모두 넣고 섞는다.

135

들깨 브로콜리 새우 샐러드

조리시간 25~30분 / 1회분

- 브로콜리 1/3개(80g)
- 감자 1/2개(100g)
- 오이 1/4개(50g)
- 냉동 생새우살 3~4마리

들깨 드레싱
- 들깨가루 2작은술
- 올리브유 1큰술
- 레몬즙 1작은술
- 화이트 발사믹식초 1작은술
  (또는 식초 1작은술 + 알룰로스 약간)
- 다진 마늘 1/3작은술
- 소금 약간
- 후춧가루 약간

1 브로콜리, 감자는 한입 크기로 썬다.
오이는 길게 2등분한 후 씨를 제거하고
모양대로 썬다.
냉동 생새우살은 찬물에 10분간 담가 해동한다.

2 김이 오른 찜기에 브로콜리를 넣고
2분 30초간 찐다. 찬물에 헹궈 물기를 제거한다.

3 끓는 물에 소금 약간, 감자를 넣고 8분간 삶은 후
체에 밭쳐 물기를 제거한다.
★ 젓가락으로 찔러보아 부드럽게 들어가면
완성이에요. 삶은 후에는 체에 밭쳐 수분을
날려주세요. 전자레인지에서 5분간 익혀도 돼요.

4 다시 냄비에 물을 넣고 끓여 끓어오르면
중약 불로 줄이고 생새우살을 넣어 1~2분간 데친다.
찬물에 헹궈 식힌 후 물기를 제거한다.

5 볼에 드레싱 재료를 넣어 골고루 섞는다.

6 **바로 먹기** 그릇에 샐러드 재료를 담고
드레싱을 곁들인다.

✓ 감자는 너무 익히면 흐물거릴 수 있으니
젓가락이 살짝 들어갈 정도까지만 삶으세요.
✓ 브로콜리는 데친 후 찬물에 식혀야 색이 선명하고 식감이 좋아요.

3회 밀프렙 추천해요. 모든 재료를 3배수로 늘려 준비하고,
보관 용기도 3개 준비한 후 각각 1회분씩 담아요.

* 18쪽 밀프렙 샐러드 공식 참고
* 냉장 보관 3~4일 가능

② 브로콜리 → 감자 → 새우
→ 오이 순으로 담고
뚜껑을 덮어 냉장 보관한다.

① 보관 용기에 드레싱 재료를
모두 넣고 섞는다.

숏파스타 새우 샐러드 + 머스터드 간장 드레싱

알록달록한 채소와 숏파스타가 어우러진 파스타 샐러드, 한 번쯤 접해보셨죠? 브런치 카페나 샐러드바에 가면
빠지지 않고 등장하는 인기 메뉴예요. 사이드 메뉴로도, 가벼운 브런치 메뉴로도 참 잘 어울리는 이 샐러드는
감칠맛 좋은 새우와 바질 향이 은은한 간장 베이스 드레싱을 더해 한국인 입맛에도 친숙한 맛이랍니다.
통밀로 만든 파스타를 사용하면 포만감도 높이고 소화도 잘 돼요.

How to Cook

만드는 방법은
140~141쪽을 참고하세요.

Meal Prep

3회 밀프렙 추천해요. 모든 재료를 3배수로 늘려 준비하고,
보관 용기도 3개 준비한 후 각각 1회분씩 담아요.

* 18쪽 밀프렙 샐러드 공식 참고
* 냉장 보관 3~4일 가능

3 블랙올리브 → 파스타
→ 바질잎을 담고
뚜껑을 덮어 냉장 보관한다.

2 적양파 → 오이
→ 방울토마토 → 병아리콩
→ 새우 순으로 넣는다.

1 보관 용기에 드레싱 재료를
모두 넣어 섞는다.

숏파스타 새우 샐러드

1 2

3 4

조리시간 30~35분 / 1회분

- 숏파스타 70g(펜네, 푸실리, 파르팔레 등)
- 냉동 생새우살 6마리
- 오이 1/4개(50g)
- 방울토마토 4개(60g)
- 적양파 1/10개(또는 양파, 20g)
- 블랙올리브 5개
- 삶은 병아리콩 2큰술(또는 삶은 렌틸콩, 생략 가능)
  * 삶는 법 34쪽 또는 익힌 제품 활용
- 바질잎 5g

새우 양념
- 올리브유 1작은술
- 훈제 파프리카 가루 1/2작은술

머스터드 간장 드레싱
- 올리브유 2큰술
- 화이트 발사믹식초 1/2큰술
  (또는 레몬즙 1큰술 + 알룰로스 약간)
- 레몬즙 1큰술
- 양조간장 1/2큰술
- 홀그레인 머스터드 1/2큰술
  (또는 디종 머스터드)
- 다진 마늘 1/2작은술
- 후춧가루 약간

1 오이는 길게 2등분한 후 모양대로 얇게 썬다.
방울토마토는 2~4등분하고,
적양파는 얇게 채 썬 후 찬물에 5분간 담아
매운맛을 뺀 후 체에 밭쳐 물기를 제거한다.
블랙올리브는 2~3등분한다.
* 오이는 씨를 제거하고 사용하면 물이 덜 생겨서
보관하기 좋아요.

2 냉동 생새우살을 찬물에 10분간 담가 해동한 후
물기를 제거하고 새우 양념 재료에 버무린다.

3 달군 팬에 ②를 올려 앞뒤로 2~3분간 노릇하게 굽는다.

4 끓는 물에 소금, 숏파스파를 넣고 8~10분간 삶는다.
찬물에 헹궈 체에 밭쳐 물기를 제거한다.

5 볼에 드레싱 재료를 넣어 골고루 섞는다.

6 **바로 먹기** 그릇에 샐러드 재료를 담고
드레싱을 곁들인다.

◇ 파르미지아노 레지아노 치즈나 페타치즈를 조금 넣으면 감칠맛이 더해져요.
◇ 건강을 챙기고 싶다면 통밀파스타로 대체해도 좋아요.
◇ 파스타는 알단테로 익히세요. 너무 푹 삶으면 드레싱에 버무렸을 때 퍼질 수 있어요.
패키지에 적힌 시간보다 1분 덜 삶는 걸 추천해요.

문어 감자 샐러드 + 훈제 레몬 비네그레트 드레싱

식탁 위에 지중해의 싱그러움을 더해줄 문어 감자 샐러드를 소개합니다. 단순한 재료로 정갈하면서도
깊은 맛을 내는 이 메뉴는, 가벼운 브런치는 물론 특별한 날 손님 소대용으로도 손색없답니다.
화이트와인과 함께 곁들이기에도 좋아요.

3회 밀프렙 추천해요. 모든 재료를 3배수로 늘려 준비하고,
보관 용기도 3개 준비한 후 각각 1회분씩 담아요.

* 18쪽 밀프렙 샐러드 공식 참고
* 냉장 보관 3~4일 가능

How to Cook

만드는 방법은
144~145쪽을 참고하세요.

③ 루콜라, 파슬리를
올린 후 뚜껑을 덮어
냉장 보관한다.

② 감자 → 셀러리 → 올리브
→ 문어 순으로 담는다.

① 보관 용기에 드레싱 재료를
모두 넣고 섞는다.

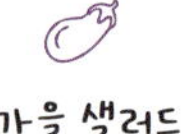

문어 감자 샐러드

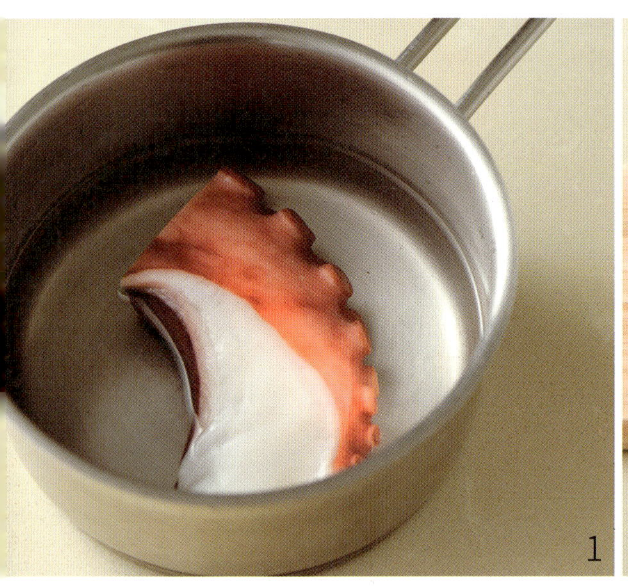

1 2

조리시간 30~35분 / 1회분

- 자숙문어 다리 1개(또는 오징어, 약 100g)
- 감자 1/2개(큰 사이즈, 100g)
- 올리브 6개
- 셀러리 1/2대(15cm)
- 이탈리안 파슬리 5줄기
- 적양파 1/10개(또는 양파, 20g)

훈제 레몬 비네그레트 드레싱

- 올리브유 2큰술
- 화이트 발사믹식초 1큰술
  (또는 레몬즙 1큰술 + 알룰로스 약간)
- 훈제 파프리카 1작은술
- 소금 약간
- 후춧가루 약간

1 끓는 물에 소금, 자숙문어 다리를 넣고
30초~1분간 데친 후 찬물에 헹궈 체에 밭쳐 식힌다.
* 문어는 오래 데치면 질겨지니,
겉면이 살짝 따뜻해질 정도로만 데쳐주세요.

2 자숙문어 다리는 모양대로 얇게 썬다.

3 4, 5

3 감자는 8등분한다.
끓는 물에 감자를 넣어 5분간 젓가락이 부드럽게 들어갈 정도로 삶는다.
체에 밭쳐 물기를 제거한다.
* 감자는 너무 푹 익히지 말고, 삶은 후 바로 체에 밭쳐 식혀야
물러지지 않고 식감이 좋아요.

4 올리브는 물에 가볍게 헹궈 물기를 제거하고,
셀러리 줄기 부분은 질긴 섬유질을 제거하고 얇게 어슷 썬다.

5 이탈리안 파슬리, 적양파는 잘게 다진다. 적양파는 찬물에 5분간 담가
매운맛을 없애고 체에 밭쳐 물기를 제거한다.

6 볼에 드레싱 재료를 넣어 골고루 섞는다.

7 **바로 먹기** 그릇에 샐러드 재료를 담고 드레싱을 곁들인다.

✓ 문어는 데친 후 바로 찬물에 헹궈 두면 식감이 쫄깃해집니다.
✓ 문어 대신 데친 오징어, 생새우살을 사용해도 잘 어울려요.

데리야키 연어와 아보카도 샐러드
+ 머스터드 드레싱

든든하고 건강한 한 끼가 필요할 때, 이 샐러드를 추천해요. 데리야키 소스로 양념해 구운 연어와
고소한 아보카도의 맛 궁합이 좋답니다. 통곡물 중 식감이 좋은 귀리를 더하면 포케처럼 든든한
한 그릇 샐러드로 즐길 수 있답니다.

3회 밀프렙 추천해요. 모든 재료를 3배수로 늘려 준비하고,
보관 용기도 3개 준비한 후 각각 1회분씩 담아요.

* 18쪽 밀프렙 샐러드 공식 참고
* 냉장 보관 3~4일 가능

③ 잎채소를 올린 후
뚜껑을 덮어
냉장 보관한다.

② 적양파 → 오이
→ 구운 연어
→ 아보카도 순으로 담는다.

① 보관 용기에 드레싱 재료를
모두 넣고 섞는다.

1

2, 3

4

데리야키 연어와 아보카도 샐러드

조리시간 25~30분 / 1회분

- 생연어 120g
- 오이 1/4개(50g)
- 적양파 1/10개(또는 양파, 20g)
- 아보카도 1/2개
- 잎채소 1줌(40g)

데리야키 양념
- 양조간장 1큰술
- 맛술 1큰술
- 메이플시럽 1/2큰술(또는 꿀)
- 다진 마늘 약간

머스터드 드레싱
- 올리브유 2큰술
- 레몬즙 1큰술
- 홀그레인 머스터드 1/2작은술
- 소금 약간
- 후춧가루 약간

1 생연어는 한입 크기로 썬 후
데리야키 양념 재료에 골고루 버무려
냉장고에 넣어 10분간 재운다.
* 재울 때 냉장고에 넣어두면
연어의 식감이 더 탄탄하게 유지돼요.

2 오이는 길게 2등분한 후
씨를 제거하고 모양대로 썬다.
적양파는 얇게 슬라이스한 뒤 찬물에 5분간 담가
매운맛을 뺀 후 체에 밭쳐 물기를 제거한다.

3 아보카도는 껍질과 씨를 제거한 뒤 깍둑 썬다.
잎채소는 먹기 좋은 크기로 뜯는다.

4 달군 팬에 기름을 두르지 않고 재운 연어를 올려
앞뒤로 노릇하게 구운 후 한 김 식힌다.
* 너무 자주 뒤집지 말고 한 면씩 충분히 익힌 후
뒤집어야 모양이 흐트러지지 않아요.

5 볼에 드레싱 재료를 넣어 골고루 섞는다.

6 <u>바로 먹기</u> 그릇에 샐러드 재료를 담고
드레싱을 곁들인다.

✓ 연어 대신 닭가슴살, 새우, 두부 등 다른 단백질 재료로 바꿔도 좋아요.
✓ 아보카도 대신 삶은 고구마, 삶은 병아리콩을 추가해도 포만감을 더할 수 있어요.
✓ 잡곡밥이나 현미밥에 곁들여 덮밥처럼 먹어도 잘 어울려요.

크랜베리 치킨 샐러드 + 클래식 요거트 드레싱

Salad Note

- ☑ 닭가슴살은 블렌더로 식감이 살아있도록 굵게 다져 사용해도 좋아요.
- ☑ 크랜베리 대신 건포도나 다진 사과를 넣어도 잘 어울려요.
- ☑ 기호에 따라 그릭요거트 대신 저당 마요네즈를 사용해도 좋아요.

요거트 베이스 드레싱으로 느끼함 없이 담백하게 즐길 수 있는 치킨 샐러드예요.
닭가슴살을 잘게 다져서 스틱채소에 곁들여 디핑소스처럼 먹거나, 샌드위치의 속재료로 활용하면
더욱 맛있게 먹을 수 있어요. 밀프렙해두고 다양한 방법으로 즐겨보세요.

조리시간 30~35분 / 1회분

- 닭가슴살 1쪽(또는 통조림 참치, 100g)
- 잎채소 1줌 (40g)
- 사과 1/4개 (50g)
- 셀러리 1대(약 20cm, 30g, 생략 가능)
- 적양파 1/10개(또는 양파, 20g)
- 말린 크랜베리 1큰술(15g)
- 다진 아몬드 1큰술(10g)

클래식 요거트 드레싱
- 무가당 그릭 요거트 2큰술
- 홀그레인 머스터드 1/2큰술
  (또는 디종 머스터드)
- 레몬즙 1큰술
- 소금 1작은술
- 후춧가루 약간

1 잎채소는 먹기 좋은 크기로 뜯고,
사과는 껍질째 얇게 슬라이스한다.
셀러리는 질긴 섬유질을 제거한 후
얇게 슬라이스한다.
적양파는 얇게 채 썬 후
찬물에 5분 정도 담가 매운맛을 뺀 후
체에 밭쳐 물기를 제거한다.

2 끓는 물에 닭가슴살을 넣고
약한 불에서 10~12분간 익힌다.
* 닭가슴살 삶기 34쪽 참고

3 익힌 닭가슴살은 한 김 식힌 후
잘게 찢는다.

4 **바로 먹기** 볼에 드레싱 재료를 넣어
섞은 후 잎채소를 제외한 모든 재료를
넣고 버무린다. 그릇에 잎채소를 담은 후
그 위에 버무린 재료를 올린다.

Meal Prep

3회 밀프렙 추천해요. 모든 재료를 3배수로 늘려 준비하고,
보관 용기도 3개 준비한 후 각각 1회분씩 담아요.

* 18쪽 밀프렙 샐러드 공식 참고
* 냉장 보관 3~4일 가능

3 잎채소, 다진 아몬드를
올린 후 뚜껑을 덮어
냉장 보관한다.

2 적양파 → 닭가슴살 → 셀러리
→ 사과 → 말린 크랜베리
순으로 담는다.
* 사과의 갈변을 막기 위해
레몬즙 1큰술을 뿌려도 좋아요.

1 보관 용기에 드레싱 재료를
모두 넣고 섞는다.

WINTER

겨울에는 차가운 샐러드가 부담스럽다는 편견을
바꿔줄 레시피들을 소개해요. 제철 뿌리 채소의 단맛을 극대화하고
오븐 조리로 온기를 더해 추운 계절에도 즐길 수 있는
따뜻한 샐러드 위주로 구성했어요.
포만감은 물론, 제철 식재료의 깊은 풍미가 겨울 식탁을 풍성하게 채워줄 거예요.
겨울에도 건강한 식습관을 흔들림 없이 이어가보세요.

1 —— **에너지가 응축된 겨울 재료**
양배추, 당근, 비트, 브로콜리 등을 활용해
겨울의 기운을 느껴보세요.

2 —— **다양한 영양 곡물 & 저탄수면**
귀리, 퀴노아, 쿠스쿠스 등으로
영양과 포만감을 더했어요.

3 —— **풍부한 단백질 재료**
렌틸콩, 템페, 페타치즈, 생새우살, 참치로
균형 잡힌 맛을 즐기세요.

케일 사과 샐러드 + 허니 레몬 머스터드 드레싱

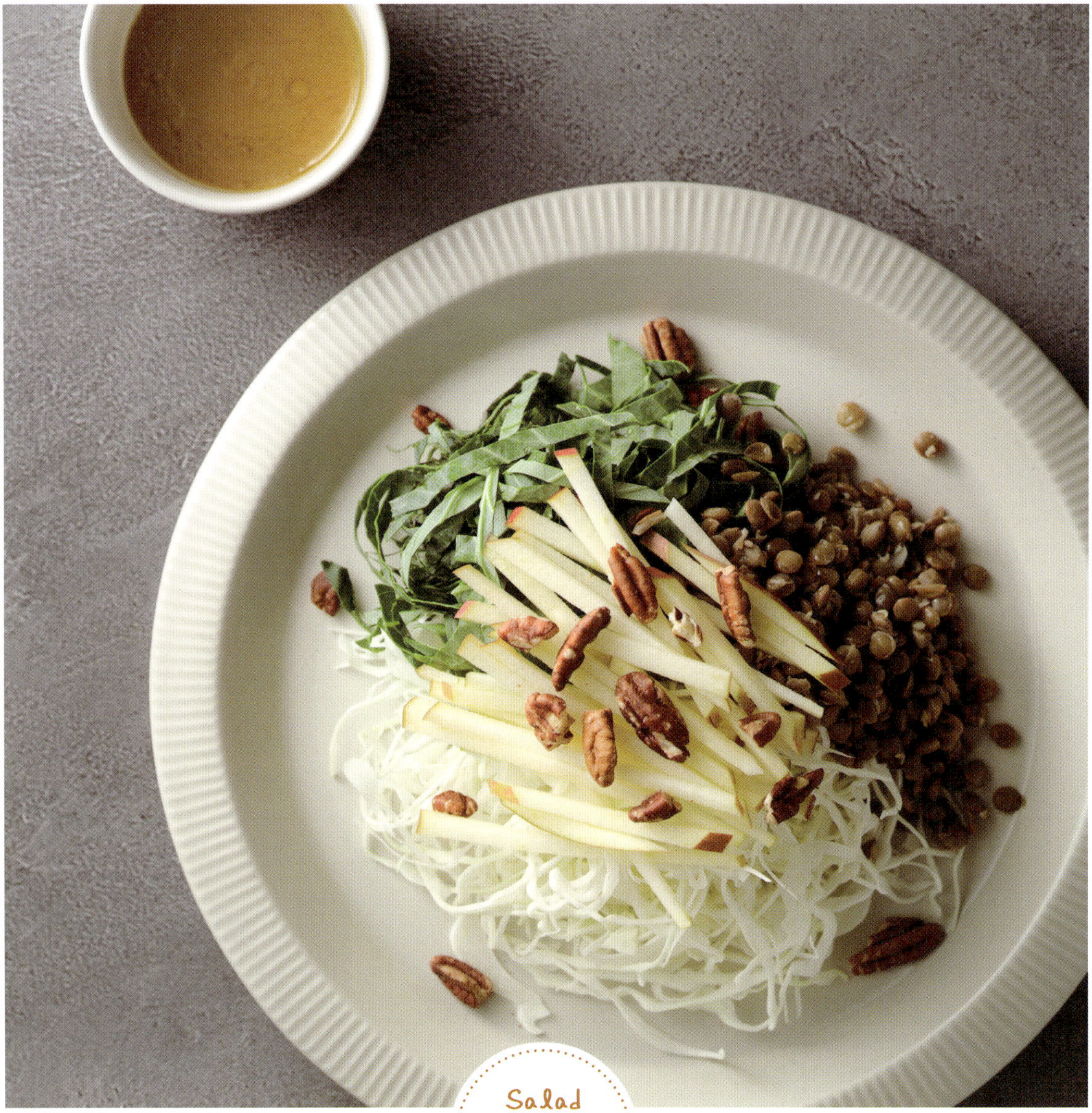

Salad Note

- 드레싱에 레몬 제스트나 발사믹식초 몇 방울 추가하면 풍미가 더 좋아져요.
- 견과류는 볶아서 넣으면 훨씬 고소하고 바삭한 식감이 살아나요.
- 닭가슴살이나 삶은 달걀을 곁들이면 든든한 한 끼로 좋아요.
- 통밀빵 위에 샐러드를 얹어 오픈 샌드위치로 즐기거나 통밀 또띠아에 말아 랩샌드위치로 만들어도 좋아요.

매일 쌓이는 피로와 염증을 다스리고 싶다면, 식단부터 바꿔보세요. 케일, 브로콜리, 양배추처럼
항산화 성분이 풍부한 채소에 렌틸콩의 식물성 단백질, 사과의 산뜻한 단맛을 더한 이 샐러드는
몸을 가볍게 하고, 염증 완화에 도움을 주는 항염 식단에 딱 어울리는 한 접시예요.

조리시간 30~35분 / 1회분

- 쌈케일 4장
- 양배추 3장(손바닥 크기, 약 100g)
- 사과 1/4개(50g)
- 렌틸콩 30g
- 다진 견과류 1큰술

허니 레몬 머스터드 드레싱
- 올리브유 2큰술
- 레몬즙 1큰술
- 디종 머스터드 1작은술
- 꿀 1작은술
- 소금 약간
- 후춧가루 약간

1 쌈케일은 두꺼운 줄기를 제거하고
최대한 얇게 채 썬다.
양배추도 얇게 채 썬다.
* 양배추는 식감이 살아있도록
일정한 두께로 써는 것이 좋아요.

2 사과는 껍질째 채 썬다.

3 냄비에 렌틸콩, 넉넉한 양의 물을 넣고
끓인다. 끓어오르면 약한 불로 줄이고
15~20분간 삶는다. 체에 밭쳐 한 김 식힌다.
* 콩이 퍼지지 않도록
중간에 상태를 확인하며 익혀요.

4 볼에 드레싱 재료를 넣어 골고루 섞는다.

5 <u>**바로 먹기**</u> 그릇에 샐러드 재료를 담고
드레싱을 곁들인다.

오렌지 당근라페 샐러드 + 머스터드 드레싱

Salad
Note

✓ 당근라페는 통밀빵이나 바게트에 햄, 치즈, 아보카도와 함께 넣어서
샌드위치로 만들어보세요.

프랑스 가정에서 자주 즐기는 당근라페는, 생당근을 얇게 썰어 레몬즙이나 식초, 디종 머스터드,
올리브유로 간을 한 심플한 샐러드예요. 여기에 오렌지나 귤을 더하면, 입안 가득 상큼함이 퍼지는
특별한 샐러드가 된답니다. 아삭아삭한 식감과 자연스러운 단맛이 참 좋아요.

조리시간 30~35분 / 1회분

- 당근 1/2개(100g)
- 오렌지 1개(또는 귤)
- 아몬드 약간(또는 캐슈넛, 호두 등)

머스터드 드레싱
- 올리브유 2큰술
- 화이트 발사믹식초 1큰술
  (또는 식초 1큰술 + 알룰로스 약간)
- 홀그레인 머스터드 1작은술
  (또는 디종 머스터드)
- 소금 약간
- 후춧가루 약간

1 당근은 필러로 얇게 썰거나
가늘게 채 썬다.

2 오렌지는 40쪽을 참고해 과육만 떼어낸다.

3 아몬드는 굵게 다진다.

4 큰 볼에 드레싱 재료를 넣고
골고루 섞는다.

5 **바로 먹기** ④의 볼에 나머지 재료를
모두 넣어 가볍게 버무린다.

Meal Prep

3회 밀프렙 추천해요. 모든 재료를 3배수로 늘려 준비하고,
보관 용기도 3개 준비한 후 각각 1회분씩 담아요.

★ 18쪽 밀프렙 샐러드 공식 참고
★ 냉장 보관 3~4일 가능

③ 기호에 따라 레몬즙을
뿌린 후 아몬드를 넣고
뚜껑을 덮어
냉장 보관한다.

② 당근 → 오렌지 순으로 담는다.
★ 기호에 따라 드레싱과
당근을 미리 버무려 담아도
좋아요.

① 보관 용기에 드레싱 재료를
모두 넣고 섞는다.

렌틸콩과 당근찜 샐러드 + 훈제 머스터드 드레싱

Salad
Note

- ✓ 당근은 삶기보다 찌는 방식으로 조리하면 단맛이 살아나고 물기가 적어 샐러드에 잘 어울려요.
- ✓ 훈제 파프리카 가루는 향이 강하므로, 처음엔 소량만 넣고 맛을 보며 조절하세요.
- ✓ 차갑게 먹어도 좋지만, 먹기 전에 전자레인지에 살짝 데워 따뜻하게 즐겨도 잘 어울려요.

식이섬유가 풍부한 당근과 곡물의 고기라 불리는 렌틸콩의 식물성 단백질이 만나 포만감이 오래가는
든든한 샐러드예요. 여기에 훈제 파프리카 가루가 포인트! 자칫 단조로울 수 있는 채소의 맛에 파프리카 가루가
더해지면 입안 가득 감칠맛이 폭발합니다. 따뜻하게 먹어도 좋고, 냉장고에 보관했다가 차갑게 먹어도 맛있어요.

조리시간 30~35분 / 1회분

- 당근 1/2개(100g)
- 렌틸콩 30g
  (또는 불린 병아리콩, 불린 흰강낭콩)
- 파슬리 5줄기
  (또는 바질, 셀러리잎, 고수 등)

훈제 머스터드 드레싱

- 올리브유 2큰술
- 레몬즙 1큰술
  (또는 애플사이다비네거)
- 디종 머스터드 1작은술
- 훈제 파프리카 가루 1/2작은술(생략 가능)
- 다진 마늘 1/2작은술
- 소금 약간
- 후춧가루 약간

1 냄비에 렌틸콩, 넉넉한 양의 물을 넣고
   끓인다. 끓어오르면 약한 불로 줄여
   15~20분간 삶는다. 체에 밭쳐 한 김 식힌다.
   * 너무 퍼지지 않게 적당히 씹히는
   식감이 남아있도록 삶아요.

2 당근은 한입 크기로 썬다.
   파슬리는 잎부분만 굵게 다진다.

3 김이 오른 찜기에 당근을 올려
   3~4분간 부드럽게 익힌다.
   * 당근을 푹 익혀야 단맛이 살아나고
   드레싱과 잘 어우러져요.

4 볼에 드레싱 재료를 넣고 골고루 섞는다.

5 **바로 먹기** 그릇에 샐러드 재료를 담고
   드레싱을 곁들인다.

3~5회 밀프렙 추천해요. 모든 재료를 3~5배수로 늘려 준비하고,
보관 용기도 3~5개 준비한 후 각각 1회분씩 담아요.

* 18쪽 밀프렙 샐러드 공식 참고
* 냉장 보관 5일 가능

3
기호에 따라
레몬즙을 뿌린 후
뚜껑을 덮어
냉장 보관한다.
* 기호에 따라
전자레인지에서
1~2분 데워서
따뜻하게 먹어요.

2
당근 → 렌틸콩 → 파슬리
순서로 담는다.

1
보관 용기에 드레싱
재료를 모두 넣고 섞는다.

컬리플라워 퀴노아 샐러드 + 매콤 땅콩버터 드레싱

레시피 162쪽

컬리플라워는 브로콜리랑 비슷하게 생겼지만 맛은 더 담백하고 부드러워요.
비타민C와 식이섬유가 풍부하고, 탄수화물은 적어 다이어트 식재료로 제격이랍니다. 살짝 데쳐 아삭함을 살린
컬리플라워에 신선한 채소와 상큼한 드레싱을 더해 가볍고 건강한 샐러드로 즐겨보세요.

구운 채소와 쿠스쿠스 샐러드
+ 허브 발사믹 드레싱

레시피 164쪽

입안 가득 퍼지는 대지의 맛이 느껴지는 샐러드입니다. 알록달록하게 구워낸 채소의 달콤한 풍미와 입안에서
보슬보슬 흩어지는 쿠스쿠스의 재미있는 식감이 매력적이죠. 한그릇으로 완벽한 영양과 미식의 즐거움을
모두 담아냈습니다. 밀프렙용으로도 좋아 3~5일분 정도 넉넉히 만들어두었다가 일주일간 먹어도 좋아요.

컬리플라워 퀴노아 샐러드

조리시간 30~35분 / 1회분

- 삶은 병아리콩 40g
  * 삶는 법 34쪽 또는 익힌 제품 활용
- 퀴노아 40g
- 컬리플라워 1/6개(또는 브로콜리, 약 50g)
- 적양배추 1장(또는 양배추, 손바닥 크기, 30g)
- 파프리카 1/10개(20g)
- 당근 1/6개(약 30g)

매콤 땅콩버터 드레싱
- 무가당 땅콩버터 1큰술(약 15g)
- 레몬즙 1작은술
- 양조간장 1작은술
- 참기름 1작은술
- 다진 마늘 1/2작은술(또는 마늘 1/2개분)
- 스리라차소스 1작은술
  (또는 크러쉬드 페퍼, 고춧가루 약간)
- 물 1큰술

1 냄비에 물을 넉넉히 붓고 퀴노아를 넣은 뒤,
  물이 끓기 시작하면 약한 불로 줄이고 뚜껑을 덮어
  12분간 끓인다. 불을 끄고 5분간 뜸을 들인 후
  체에 밭쳐 물기를 빼고 한 김 식힌다.

2 컬리플라워는 한입 크기로 썬다.
  양배추, 파프리카, 당근은 사방 1.5cm 크기로 썬다.

3 김이 오른 찜기에 컬리플라워를 올려
  2분 30초간 찐다.
  * 너무 오래 찌면 흐물거리니
  살짝 아삭하게 익히는 게 좋아요.

4 볼에 드레싱 재료를 넣어 골고루 섞는다.

5 **바로 먹기** 그릇에 샐러드 재료를 담고
  드레싱을 곁들인다.

☑ 드레싱에 양조간장 대신 국간장 1/2큰술을 넣어도 돼요.
☑ 크래커 위에 올려 애피타이저로 즐겨도 좋아요.

3~5회 밀프렙 추천해요. 모든 재료를 3~5배수로 늘려 준비하고,
보관 용기도 3~5개 준비한 후 각각 1회분씩 담아요.

★ 18쪽 밀프렙 샐러드 공식 참고
★ 냉장 보관 5일 가능

③ 삶은 병아리콩 → 퀴노아 순으로
담은 후 뚜껑을 덮고
냉장 보관한다.

② 파프리카 → 적양배추
→ 컬리플라워 → 당근
순으로 담는다.

① 보관 용기에 드레싱 재료를
모두 넣고 섞는다.

구운 채소와 쿠스쿠스 샐러드

조리시간 30~35분 / 1회분

- 쿠스쿠스 40g(또는 퀴노아, 오르조)
- 가지 1/4개(35g)
- 주키니 1/6개(약 30g, 또는 애호박)
- 파프리카 1/4개(50g)
- 방울토마토 4개(60g)
- 루콜라 1줌(생략 가능)
- 올리브유 1큰술
- 소금 약간
- 후춧가루 약간

허브 발사믹 드레싱

- 올리브유 2큰술
- 발사믹식초 1/2큰술
- 레몬즙 1/2큰술
- 오레가노 1/2큰술
- 소금 약간
- 후춧가루 약간

1 쿠스쿠스를 그릇에 담고 뜨거운 물을
 1:1 비율로 부은 후, 뚜껑을 덮고 5분간 둔다.
 포크로 쿠스쿠스를 고슬고슬하게 풀어준다.
 * 물을 부은 뒤 절대 저어주지 말고
 5분간 그대로 두어야 잘 익어요.

2 가지, 주키니, 파프리카, 방울토마토는
 한입 크기로 썬다. 볼에 넣고 올리브유, 소금,
 후춧가루를 넣고 골고루 버무린다.

3 오븐 팬이나 바스켓에 ②를 펼쳐 담고
 에어프라이어에 넣어 180℃에서 15분간 굽는다.
 * 에어프라이어 대신 오븐을 사용할 경우
 200℃에서 15~20분 정도 구워도 좋아요.

4 볼에 드레싱 재료를 넣어 골고루 섞는다.

5 **바로 먹기** 그릇에 샐러드 재료를 담고
 드레싱을 곁들인다.

✓ 바질을 잘게 다져 넣어도 잘 어울려요.

✓ 채소는 제철 채소로 바꿔 사계절마다 다른 맛을 즐기면 좋아요.

✓ 구운 채소는 수분이 너무 많지 않게 구워야 맛이 잘 어우러져요.

3~5회 밀프렙 추천해요. 모든 재료를 3~5배수로 늘려 준비하고,
보관 용기도 3~5개 준비한 후 각각 1회분씩 담아요.

* 18쪽 밀프렙 샐러드 공식 참고
* 냉장 보관 5일 가능

③ 구운 채소를 차곡차곡 담은 후
기호에 따라 루콜라를 올린다.
뚜껑을 덮고 냉장 보관한다.
* 전자레인지에 1~2분간 데워
따뜻하게 데워 먹어도 좋아요.

② 쿠스쿠스를 담는다.

① 보관 용기에 드레싱 재료를
모두 넣고 섞는다.

트리플 버섯 퀴노아 샐러드 + 발사믹 머스터드 드레싱

버섯은 구우면 향이 더 좋아지요? 세 가지 종류의 버섯을 활용한 트리플 버섯 샐러드를 만들었어요.
구운 버섯에 올리브유와 발사믹식초로 만든 드레싱을 더해 매력적인 웜샐러드를 완성했습니다.
비건 식단이나 가벼운 한 끼 식사로도 딱 좋고, 부드러운 수란을 곁들이면 더욱 든든하게 즐길 수 있어요.

3~5회 밀프렙 추천해요. 모든 재료를 3~5배수로 늘려 준비하고,
보관 용기도 3~5개 준비한 후 각각 1회분씩 담아요.

* 18쪽 밀프렙 샐러드 공식 참고
* 냉장 보관 5일 가능

트리플 버섯 퀴노아 샐러드

조리시간 25~30분 / 1회분

- 퀴노아 40g
- 양송이버섯 50g
- 새송이버섯 50g
- 표고버섯 50g
- 양파 1/10개(또는 적양파, 20g)
- 잎채소 1줌(40g)
- 올리브유 1과 1/2큰술
- 소금 1/2작은술
- 후춧가루 약간

발사믹 머스터드 드레싱

- 올리브유 2큰술
- 발사믹식초 1큰술
- 레몬즙 1/2큰술
- 디종 머스터드 1작은술
  (또는 홀그레인 머스터드)
- 소금 약간
- 후춧가루 약간

1 냄비에 물을 넉넉히 붓고 퀴노아를 넣은 뒤,
물이 끓기 시작하면 약한 불로 줄이고
뚜껑을 덮어 12분간 끓인다.
불을 끄고 5분간 뜸을 들인 후 체에 밭쳐 한 김 식힌다.

2 표고버섯, 느타리버섯, 양송이버섯은
마른 키친타월로 흙을 털듯이 닦아내고,
먹기 좋은 크기로 슬라이스한다.
★ 버섯은 씻지 않고 닦아주는 것이
식감과 향을 살리는 데 좋아요.

3 양파는 얇게 채 썬 후 찬물에 5분간 담가
매운맛을 없애고 체에 밭쳐 물기를 제거한다.
잎채소는 한입 크기로 뜯는다.

3 4

4 달군 팬에 올리브유를 두른 후 세 가지 버섯을 넣고
중간 불에서 소금, 후춧가루를 넣어 4~5분간 볶는다.
* 주걱으로 계속 뒤적이면 버섯에서 물이 나와 질척해질 수 있어요.
중간 불 이상에서 1~2분간 그대로 두고 빠르게 볶는 것이
식감과 풍미를 살리는 핵심입니다.

5 볼에 드레싱 재료를 넣고 골고루 섞는다.

6 <u>바로 먹기</u> 그릇에 샐러드 재료를 담고 드레싱을 곁들인다.

- ⊘ 버섯은 기호에 따라 1~2가지로만 준비해도 좋아요.
- ⊘ 말린 타임이나 바질, 오레가노 등 허브 가루를 더해주면 향이 살아나요.
- ⊘ 먹기 직전 수란을 만들어 샐러드 위에 올려도 잘 어울려요.

고구마 모둠 콩샐러드 + 라임 드레싱

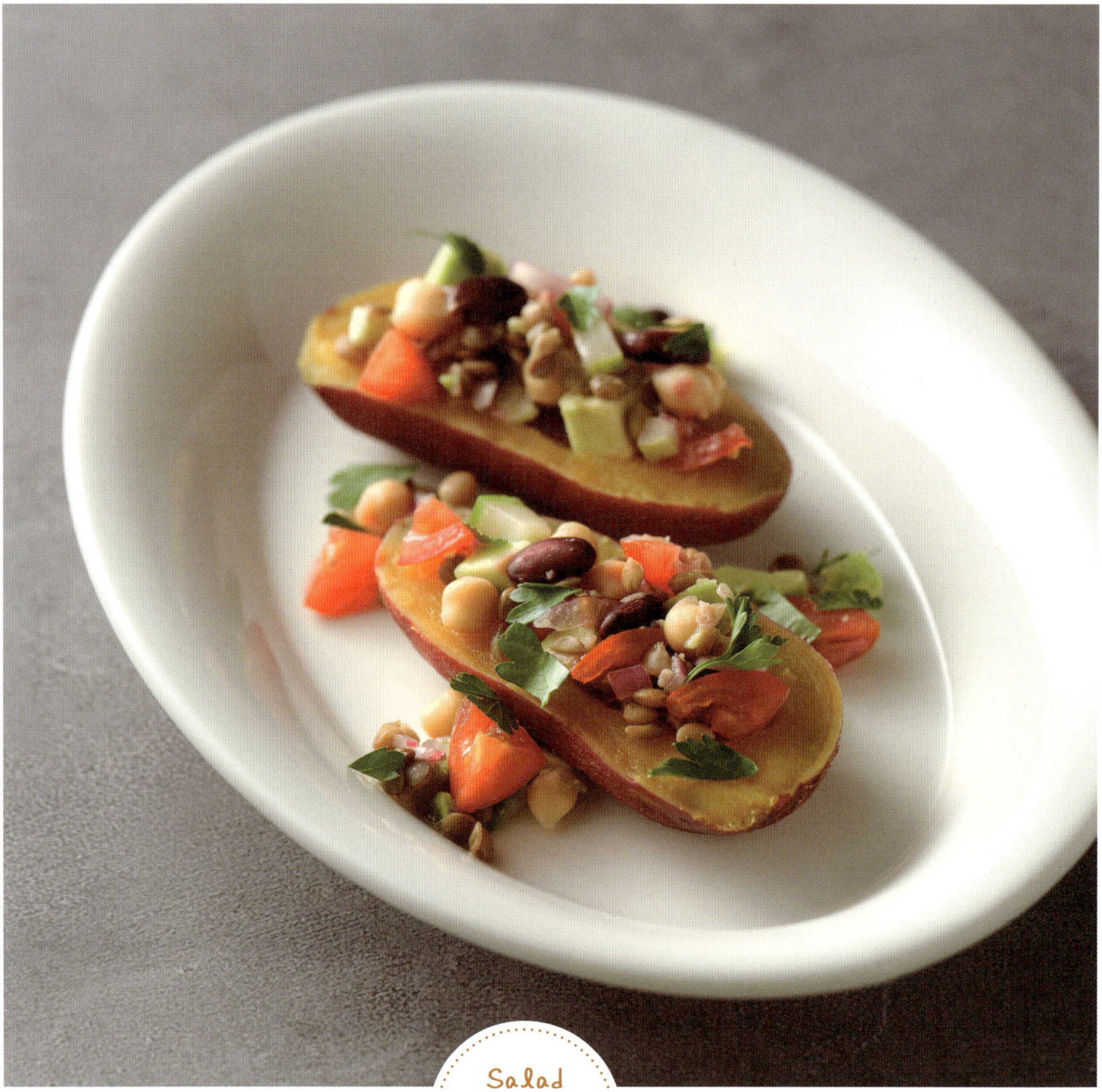

Salad Note

- 고구마는 너무 물렁하게 익히기보다 살짝 단단하게 찌는 게 씹는 맛이 좋아요.
- 콩은 종류가 많을수록 풍성한 맛과 영양 밸런스를 잡을 수 있지만, 한 가지 종류만 사용해도 괜찮아요.
- 드레싱에 허브나 레몬 제스트를 추가하면 향이 더 풍부해져요.

따끈한 고구마 위에 상큼하고 고소한 모둠 콩 샐러드를 수북이 올려 한입 먹으면 너무 맛있어요.
부드러운 고구마의 달콤함과 톡톡 씹히는 콩이 정말 잘 어울려요. 식이섬유와 단백질, 탄수화물까지 모두 챙길 수 있는 완벽한 밸런스. 밀프렙 샐러드로도, 따뜻한 브런치로도 활용도가 높아 누구에게나 추천하고 싶은 메뉴예요.

조리시간 40~45분 / 1회분

- 찐 고구마 1개(또는 찐 단호박, 찐 감자, 작은 사이즈, 100g)
  ★ 찌는 법 29쪽 또는 익힌 제품 활용
- 삶은 병아리콩 1큰술(20g)
- 삶은 렌틸콩 1큰술(20g)
- 삶은 검은콩 1큰술(20g)
- 방울토마토 4개(60g)
- 오이 1/6개(30g)
- 적양파 1/10개(또는 양파, 20g)
- 아보카도 1/2개
- 이탈리안 파슬리 5줄기

라임 드레싱

- 올리브유 2큰술
- 라임즙 1큰술
  (또는 레몬즙, 화이트 발사믹식초)
- 소금 약간
- 후춧가루 약간

1 방울토마토는 2등분하고,
오이는 길게 2등분한 후
씨를 제거하고 병아리콩 크기로 썬다.

2 적양파는 잘게 다진 후 찬물에
5분간 담가 매운맛을 뺀 후 체에 밭쳐
물기를 제거한다. 아보카도는 껍질과
씨를 제거하고 한입 크기로 썬다.

3 이탈리안 파슬리는 잎 부분만
송송 썬다. 찐 고구마는 2등분한다.

4 **바로 먹기** 큰 볼에 드레싱 재료를 넣고
섞는다. 고구마를 제외한 모든 재료를
넣고 버무린다. 그릇에 고구마를 담고
버무린 재료를 올린다.

3회 밀프렙 추천해요. 모든 재료를 3배수로 늘려 준비하고,
보관 용기도 3개 준비한 후 각각 1회분씩 담아요.

★ 18쪽 밀프렙 샐러드 공식 참고
★ 냉장 보관 3~4일 가능

3 아보카도, 찐 고구마를
담은 후 뚜껑을 덮고
냉장 보관한다.
★ 찐 고구마는 한입 크기로
썰어 같이 담거나
완성 사진처럼 먹기 직전에
곁들여도 좋아요.

2 적양파 → 오이 → 방울토마토
→ 삶은 병아리콩, 렌틸콩,
검은콩 → 이탈리안 파슬리
순으로 담는다.

1 보관 용기에 드레싱 재료를
모두 넣고 섞는다.

떠먹는 비트 오렌지 샐러드 + 레몬 비네그레트 드레싱

비트의 달콤한 흙내음, 오렌지의 상큼함, 페타치즈의 짭짤함이
조화롭게 어우러지는 샐러드예요. 렌틸콩과 퀴노아를 더해 단백질까지 챙겨
포만감 있으면서도 상큼한 샐러드를 즐기고 싶은 날 한끼 식사로 추천해요.

How to
Cook

만드는 방법은
174~175쪽을 참고하세요.

Meal
Prep

3회 밀프렙 추천해요. 모든 재료를 3배수로 늘려 준비하고,
보관 용기도 3개 준비한 후 각각 1회분씩 담아요.

* 18쪽 밀프렙 샐러드 공식 참고
* 냉장 보관 3~4일 가능

③ 루콜라, 페타치즈를
올린 후 뚜껑을 덮고
냉장 보관한다.

② 퀴노아 → 렌틸콩 → 오렌지
→ 비트 순으로 넣는다.

① 보관 용기에 드레싱 재료를
모두 넣고 섞는다.

1

2

3

4

떠먹는 비트 오렌지 샐러드

조리시간 40~45분 / 1회분

- 비트 1/2개(80g)
- 오렌지 1/2개(또는 자몽, 귤)
- 퀴노아 20g(또는 쿠스쿠스)
- 렌틸콩 20g
  (또는 불린 병아리콩, 불린 흰강낭콩)
- 페타치즈 30g
  (또는 리코타치즈, 고트치즈)
- 이탈리안 파슬리 5줄기(또는 깻잎)
- 루콜라 1줌
  (또는 어린잎 채소, 케일)

레몬 비네그레트 드레싱
- 올리브유 2큰술
- 레몬즙 1큰술
  (또는 화이트 발사믹식초)
- 소금 약간
- 후춧가루 약간

1 퀴노아는 냄비에 물과 퀴노아를 2:1 비율로 넣고,
물이 끓기 시작하면 중간 불로 줄여
15분간 익혀준다. 불을 끄고 5분간 뜸을 들인다.
포크로 살살 풀어주고 체에 밭쳐 식힌다.

2 냄비에 렌틸콩, 넉넉한 물을 넣고 끓인다.
끓어오르면 약한 불에서 15~20분간 삶은 후
체에 밭쳐 한 김 식힌다.
★ 월계수잎 1장을 넣고 삶으면 콩 비린내 제거에 좋아요.

3 비트는 1.5cm 크기로 썬다.
오렌지는 40쪽을 참고해 과육만 발라낸 후 2등분한다.
이탈리안 파슬리는 잎부분만 잘게 다진다.
★ 오렌지는 속껍질을 제거해야 식감이 부드럽고
쓴맛이 없어요.

4 끓는 물에 비트를 넣고 10분간 삶은 후
체에 밭쳐 물기를 제거한다.

5 볼에 드레싱 재료를 넣어 골고루 섞는다.

6 바로 먹기 그릇에 샐러드 재료를 담고 드레싱을 곁들인다.

⊘ 비트는 옥살산 제거를 위해 삶아서 사용하는 것이 가장 좋아요.
⊘ 비트는 삶는 대신 깍둑 썰어 180℃ 에어프라이어에서 15~20분간 구워도 맛있어요.
⊘ 루콜라 대신 어린잎채소나 얇게 채 썬 케일을 사용할 수 있고,
페타치즈는 고트치즈나 리코타, 또는 크럼블 파마산치즈로 대체해도 좋아요.
⊘ 렌틸콩 대신 병아리콩이나 강낭콩도 잘 어울리며, 퀴노아가 없다면 쿠스쿠스, 귀리, 현미로도 충분히 대체할 수 있습니다.
⊘ 오렌지 대신 자몽이나 당도 높은 감귤류를 활용해도 상큼하게 즐길 수 있어요.

구운 템페와 채소 샐러드 + 스파이시 피시소스 드레싱

콩을 발효시켜 만든 템페를 노릇하게 구우면 겉은 바삭하고, 속은 쫀득한 식감이 돼요.
구운 템페를 신선한 채소와 함께 즐겨보세요. 고기를 넣지 않아도 충분히 포만감 있어
비건이나 채식 식단을 실천하는 분들에게 특히 추천하는 메뉴예요.

3회 밀프렙 추천해요. 모든 재료를 3배수로 늘려 준비하고,
보관 용기도 3개 준비한 후 각각 1회분씩 담아요.

* 18쪽 밀프렙 샐러드 공식 참고
* 냉장 보관 3~4일 가능

③ 템페 → 깻잎을 넣고
뚜껑을 덮어 냉장 보관한다.

② 적양파 → 양배추 → 파프리카
→ 오이 순으로 담는다.

① 보관 용기에 드레싱 재료를
모두 넣고 섞는다.

구운 템페와 채소 샐러드

1   2

조리시간 30~35분 / 1회분

- 템페 1/2개(50g, 또는 구운 두부)
- 양배추 2장(손바닥 크기, 약 60g)
- 빨간 파프리카 1/6개(약 30g)
- 오이 1/4개(50g)
- 적양파 1/10개(또는 양파, 20g)
- 깻잎 약간
- 올리브유 1큰술

스파이시 피시소스 드레싱
- 송송 썬 청양고추 1개분
- 올리브유 2큰술
- 라임즙 1큰술(또는 레몬즙)
- 피시소스 1큰술
- 꿀 1큰술
- 다진 마늘 1/2작은술

1 양배추, 파프리카, 오이는 가늘게 채 썬다.

2 적양파는 얇게 채 썰고 찬물에 5분간 담가 매운맛을 뺀 후 체에 밭쳐 물기를 제거한다. 깻잎은 돌돌 말아 가늘게 채 썬다.

3 템페는 1~1.5cm 크기로 깍둑 썬다.

4 달군 팬에 식용유를 두르고 템페를 올려
중약 불에서 앞뒤로 노릇하게 굽는다. 겉이 바삭해지고
고소한 향이 올라오면 접시에 덜어 한 김 식힌다.

5 볼에 드레싱 재료를 넣고 골고루 섞는다.
* 피시소스가 없다면 집에서 사용하는 참치액젓 등으로
대체해도 좋아요.

6 <u>바로 먹기</u> 그릇에 샐러드 재료를 담고 드레싱을 곁들인다.

✓ 템페는 기름에 튀기듯 구워 겉은 바삭하고 속은 촉촉하게 조리하면 맛이 배가돼요.

구운 새우와 귀리 포케 샐러드 + 머스터드 간장 드레싱

단백질과 식이섬유가 가득한 포케 샐러드예요. 통곡물밥과 채소, 노릇하게 구운 새우, 거기에
상큼하고 짭짤한 간장 드레싱까지! 영양은 물론 맛까지 챙긴, 한 그릇으로도 충분히 만족스러운
든든한 식사 샐러드예요. 가볍지만 속은 든든하게 채워주는 균형 잡힌 한 끼로 맛있게 즐길 수 있습니다.

How to
Cook

만드는 방법은
182~183쪽을 참고하세요.

Meal
Prep

3회 밀프렙 추천해요. 모든 재료를 3배수로 늘려 준비하고,
보관 용기도 3개 준비한 후 각각 1회분씩 담아요.

* 18쪽 밀프렙 샐러드 공식 참고
* 냉장 보관 3~4일 가능

③ 구운 새우 → 잎채소를
올린 후 뚜껑을 덮고
냉장 보관한다.

② 적양파 → 귀리밥
→ 오이 → 방울토마토
→ 당근 → 통조림 옥수수
순으로 넣는다.

① 보관 용기에 드레싱 재료를
모두 넣고 섞는다.

구운 새우와 귀리 포케 샐러드

1

2, 3

4

5

조리시간 25~30분 / 1회분

- 냉동 생새우살 6마리
- 익힌 귀리 100g(또는 다른 통곡물)
- 잎채소 1줌(40g)
- 오이 1/4개(50g)
- 당근 1/4개(50g)
- 방울토마토 4개(60g)
- 적양파 1/10개(또는 양파, 20g)
- 통조림 옥수수 2큰술

새우 양념
- 올리브유 1큰술
- 소금 약간
- 훈제 파프리카 가루 약간(생략 가능)

머스터드 간장 드레싱
- 올리브유 2큰술
- 화이트 발사믹식초 1큰술
  (또는 식초 1큰술 + 알룰로스 약간)
- 레몬즙 1큰술
- 홀그레인 머스터드 1/2큰술
- 다진 마늘 약간
- 양조간장 1작은술

1 전기밥솥에 귀리, 물을 넣고 백미 모드로 익힌다.
뚜껑을 열어 한 김 식혀 고슬고슬하게 풀어둔다.

2 오이는 길게 2등분해 씨를 제거하고
모양대로 썬다. 당근, 적양파는 가늘게 채 썬다.
적양파는 얇게 채 썬 후 찬물에 5분간 담가
매운맛을 뺀 후 체에 밭쳐 물기를 제거한다.

3 방울토마토는 2~3등분한다.
잎채소는 한입 크기로 썬다.

4 냉동 생새우살은 찬물에 10분간 담가
해동한 후 물기를 제거한다.
볼에 담고 새우 양념을 넣어 버무린다.

5 달군 팬에 ④를 넣고 중간 불에서
앞뒤로 각각 1분씩 노릇하게 굽는다.
*** 새우는 너무 오래 익이번 질겨시브로,
색이 변하면 불을 끄세요.**

6 볼에 드레싱 재료를 넣고 골고루 섞는다.

7 **바로 먹기** 그릇에 샐러드 재료를 담고
드레싱을 곁들인다.

✓ 귀리는 충분히 식힌 뒤 새우와 섞어야 샐러드가 눅눅해지지 않아요.
✓ 귀리는 너무 질지 않게 지어야 샐러드에 섞었을 때 알알이 살아 있어요.

브로콜리 참치 샐러드 + 참깨 요거트 드레싱

레시피 186쪽

항암과 항염 채소로 유명한 브로콜리, 자주 챙겨 먹고 싶다면 이 샐러드를 활용하세요.
브로콜리는 살짝 데쳐 아삭한 식감을 살리고, 기름기를 뺀 참치와 함께
상큼한 드레싱에 버무리면 아주 맛있게 즐길 수 있답니다.

유린기 샐러드

+ 청양고추 간장 드레싱

레시피 188쪽

겉은 바삭하고 속은 촉촉한 닭다리살을 달콤짭짤한 간장 드레싱에 푹 적셔
신선한 채소들과 함께 즐기는 중독성 강한 샐러드예요. 닭고기를 구운 후 키친타월에 올려
기름기를 충분히 제거하고 곁들이면 부담 없이 건강한 한 끼로 즐길 수 있어요.

브로콜리 참치 샐러드

조리시간 20~25분 / 1회분

- 통조림 참치 50g(물기 제거 후)
- 브로콜리 1/4개(약 80g)
- 그린빈 6개(또는 냉동 그린빈)
- 적양파 1/10개(또는 양파, 20g)
- 삶은 달걀 1개

참깨 요거트 드레싱
- 무가당 그릭 요거트 2큰술
- 통깨 간 것 1큰술
- 참기름 1큰술
- 레몬즙 1큰술
- 꿀 1큰술
- 소금 약간
- 후춧가루 약간

1 통조림 참치는 체에 밭친 후 끓는 물을 부어
기름기를 제거한다.
물기를 뺀 뒤 포크로 가볍게 으깬다.
★ 따뜻한 물을 부어 기름기를 제거하면,
텁텁함이 줄어들고 훨씬 담백해요.

2 브로콜리는 한입 크기로 썬다.
그린빈은 2~3등분한다.
적양파는 가늘게 채 썰어 찬물에 5분간 담가
매운맛을 뺀 후 체에 밭쳐 물기를 제거한다.

3 삶은 달걀은 4등분한다.

4 끓는 물에 소금 약간, 브로콜리, 그린빈을 넣어
중간 불에서 2분간 데친다. 체에 밭쳐
찬물에 헹군 후 물기를 완전히 제거한다.
★ 물기가 있으면 드레싱이 묽어질 수 있으니
손으로 살짝 짜거나 키친타월로 꼼꼼히 눌러
물기를 제거해요.

5 볼에 드레싱 재료를 넣어 골고루 섞는다.

6 **바로 먹기** 그릇에 샐러드 재료를 담고
드레싱을 곁들인다.

✓ 삶은 달걀 대신 리코타치즈나 삶은 병아리콩으로 단백질을 보충해도 좋아요.

3회 밀프렙 추천해요. 모든 재료를 3배수로 늘려 준비하고,
보관 용기도 3개 준비한 후 각각 1회분씩 담아요.

* 18쪽 밀프렙 샐러드 공식 참고
* 냉장 보관 3~4일 가능

3 삶은 달걀을 올린 후
뚜껑을 덮고 냉장 보관한다.

2 적양파 → 통조림 참치 → 브로콜리
→ 그린빈 순으로 담는다.

1 보관 용기에 드레싱 재료를
모두 넣고 섞는다.

유린기 샐러드

조리시간 30~35분 / 1회분

- 닭다리살 1쪽(100g)
- 양상추 1줌(또는 잎채소, 40g)
- 파프리카 1/4개(50g)
- 양파 1/10개(20g)
- 오이 1/2개(50g)
- 청양고추 약간(생략 가능)

밑간
- 올리브유 1/2큰술
- 훈제 파프리카 가루 1/2작은술(생략 가능)
- 소금 약간

청양고추 간장 드레싱
- 올리브유 2큰술
- 양조간장 1큰술
- 화이트 발사믹식초 1큰술
  (또는 식초 1큰술 + 알룰로스 약간)
- 다진 마늘 1작은술
- 참기름 1/2큰술
- 다진 청양고추 1큰술

1 양상추는 한입 크기로 뜯는다.
파프리카, 양파는 채 썬다.
양파는 찬물에 5분간 담가 매운맛을 뺀 후
체에 밭쳐 물기를 제거한다.
★ 색깔이 다른 파프리카를 섞어서 사용하면
샐러드가 더 화사해져요.

2 오이는 길게 2등분한 후 씨를 제거하고
모양대로 썰고, 청양고추는 송송 썬다.

3 닭다리살에 밑간 재료를 뿌려 골고루 버무린다.

4 달군 팬에 닭다리살을 올려 중약 불에서 뚜껑을 덮고
15분간 속까지 골고루 익힌다.
★ 중간에 한 번 뒤집어서 익혀요.

5 볼에 드레싱 재료를 넣고 골고루 섞는다.

6 **바로 먹기** 그릇에 샐러드 재료를 담고
드레싱을 곁들인다.

✓ 드레싱에 청양고추를 다져 넣으면 유린기의 풍미가 확 살아나요.

3회 밀프렙 추천해요. 모든 재료를 3배수로 늘려 준비하고,
보관 용기도 3개 준비한 후 각각 1회분씩 담아요.

* 18쪽 밀프렙 샐러드 공식 참고
* 냉장 보관 3~4일 가능

3

양상추를 올린 후
뚜껑을 덮고 냉장 보관한다.

2

양파 → 파프리카 → 오이
→ 닭다리살 순으로 담는다.
* 청양고추는 오이 위에 올리거나
생략해도 좋아요.

1

보관 용기에 드레싱 재료를
모두 넣고 섞는다.

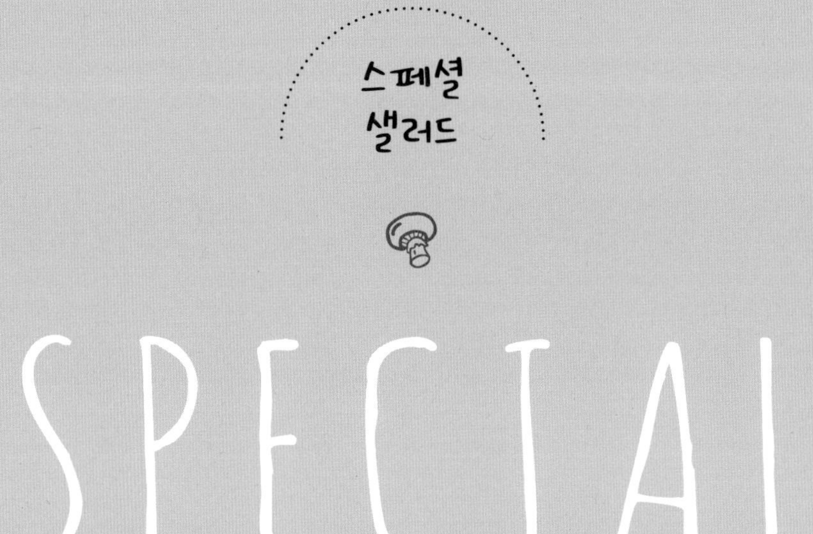

스페셜 샐러드

SPECIAL

평일의 샐러드가 건강을 위한 일상의 루틴이었다면,
주말의 샐러드는 오직 나만을 위한 근사한 요리를 만들어 보는 건 어떨까요?
시간에 쫓기지 않고 재료를 고르며, 조리 과정까지 천천히 즐기는 한 끼 샐러드.
주말에는 꼭 가볍기만 한 샐러드가 아니라,
조금 더 풍성하고 만족스러운 구성이어도 좋아요.
이 챕터에서는 평소보다 1~2가지 특별한 재료를 더하고, 조금은 다른 조리법으로
만든 주말용 스페셜 샐러드를 소개합니다.

웨지 양상추 샐러드 + 요거트 시저 드레싱

크게 잘라 더 아삭한 양상추 위에 크리미한 드레싱과 고소한 토핑을 올려 즐기는 샐러드예요.
미국 스테이크 하우스에서 자주 볼 수 있는 클래식 샐러드로, 아삭아삭하고 촉촉하고 부드러운 식감이
매력적이에요. 접시에 큼직하게 올려 내기만 해도 근사한 비주얼이라 손님 초대상에 내도 손색 없어요.
포크로 툭툭 잘라 먹는 재미까지 더해져 식사 전 애피타이저로도, 든든한 사이드 디시로도 훌륭한 메뉴입니다.

조리시간 30~35분 / 1회분

- 양상추 1/2통
- 베이컨 1~2줄
- 이탈리안 파슬리 2~3줄기
- 파르미지아노 레지아노 치즈 간 것 약간

요거트 시저 드레싱
- 무가당 그릭 요거트 2큰술
- 레몬즙 1큰술
- 파르미지아노 레지아노 치즈 간 것 1큰술
- 다진 양파 1큰술
- 다진 마늘 1/2작은술
- 홀그레인 머스터드 1/2작은술
- 멸치액젓 1/2작은술(또는 소금 약간)
- 후춧가루 약간

1 양상추는 겉잎을 제거한 뒤 웨지 모양으로 썬다.
   * 단면이 보이도록 자르면 드레싱과 토핑이 잘 스며들어요.

2 베이컨 1cm 폭으로 썰고, 이탈리안 파슬리는 굵게 다진다.

3 달군 팬에 베이컨을 올려 앞뒤로 바삭하게 구운 후
   키친타월에 올려 기름기를 제거한다.

4 볼에 드레싱 재료를 넣어 골고루 섞는다.

5 접시에 양상추의 단면이 보이게 올린 후
   드레싱을 흘려 붓듯이 넉넉하게 끼얹고,
   베이컨, 파르미지아노 레지아노 치즈, 이탈리안 파슬리를
   올린다.

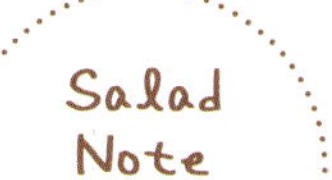

☑ 좀 더 아삭하게 즐기고 싶다면 양상추를 찬물에 5분 정도
담갔다가 물기를 제거하고 사용해요.

☑ 베이컨 대신 훈제오리를 활용해도 잘 어울려요.

☑ 감칠맛을 더하고 싶다면 드레싱에
앤초비 2~3마리를 다져서 넣어주세요.

구운 알배추 샐러드 + 허니 머스터드 드레싱

은은한 단맛이 매력적인 구운 알배추 샐러드예요. 알배추 하면 생으로만 먹는 걸 떠올리셨나요?
한번 구워보세요. 알배추의 숨겨진 풍미에 반하게 될 거예요.
여기에 감칠맛 가득한 드레싱까지 더해지면, 한 접시만으로도 근사한 브런치가 완성된답니다.
특히 겨울철 달큰해진 배추나, 봄철 어린 알배추로 만들면 더 맛있어요.

조리시간 30~35분 / 1회분

- 알배추 1/2통
- 올리브유 1큰술
- 소금 약간
- 후춧가루 약간
- 파르미지아노 레지아노 치즈 간 것 약간
- 훈제 파프리카 가루 약간

허니 머스터드 드레싱
- 올리브유 2큰술
- 화이트 발사믹식초 1큰술
  (또는 레몬즙 1큰술 + 알룰로스 약간)
- 디종 머스터드 1작은술
- 꿀 1작은술
- 소금 약간
- 후춧가루 약간

1 알배추는 길이대로 2등분한다.

2 알배추 겉면, 단면에 올리브유를 바르고,
소금, 후춧가루를 뿌린다.

3 달군 팬에 알배추를 단면이 닿도록 올린다.
중간 불에서 약 3~5분간 노릇하게 굽는다.
반대쪽도 같은 방법으로 굽고 전체적으로 노릇하게
굽는다.
* 팬 대신 에어프라이어에서 구워도 좋아요.
180°C에서 10분간 구워요.

4 볼에 드레싱 재료를 넣어 골고루 섞는다.

5 접시에 구운 알배추를 담고, 훈제 파프리카 가루, 드레싱을
뿌린 후 파르미지아노 레지아노 치즈를 올린다.

Salad Note

✓ 구운 알배추에 마무리로 레몬즙을 뿌리면
상큼함이 더해져 느끼함을 잡아줘요.

✓ 기호에 따라 다진 견과류를 뿌려도 좋아요.

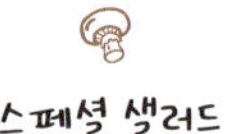

완숙토마토 바질 샐러드 + 레몬 비네그레트 드레싱

완숙 토마토는 익을수록 단맛과 감칠맛이 깊어져요. 방울토마토가 톡톡 튀는 식감과 산뜻한 맛이 매력이라면, 완숙토마토는 부드럽고 촉촉한 과즙에 깊은 단맛이 있어요.

잘 익은 제철 토마토를 두툼하게 썰어 한입 먹으면, 입안 가득 퍼지는 촉촉한 과즙과 달큰한 풍미가 가득 퍼져요. 심플하지만 고급스러워 손님상에 내 놓아도 손색이 없답니다.

조리시간 20~25분 / 1회분

- 완숙토마토 1개(150g)
- 적양파 1/10개(또는 양파, 20g)
- 바질잎 10g(또는 루콜라, 깻잎)
- 통후추 간 것 약것

레몬 비네그레트 드레싱
- 올리브유 2큰술
- 레몬즙 1큰술
- 소금 약간
- 후춧가루 약간

1 토마토는 두툼하게 슬라이스한다.
  ＊토마토는 실온에 두었을 때 맛이 더 좋아요.
  너무 얇지 않게 잘라야 식감이 좋아요.

2 적양파는 채 썰고 찬물에 5분간 담가 매운맛을 뺀 후
  물기를 제거한다. 바질은 잎만 뜯어 준비한다.

3 볼에 드레싱 재료를 넣어 골고루 섞는다.

4 접시에 토마토를 깔고 적양파, 바질을 담은 후
  드레싱, 통후추 간 것을 뿌린다.

✓ 드레싱은 먹기 직전에 뿌려야 수분이 생기지 않고 간이 약해지지 않아요.
✓ 바질은 가늘게 채 썰어 올려도 좋아요.
✓ 토마토가 단맛이 적은 것이라면 드레싱에 올리고당이나 꿀, 원당을 약간 추가해보세요.

판자넬라 샐러드 + 발사믹 비네그레트 드레싱

판자넬라는 이탈리아 토스카나 지방에서 유래한 빵 샐러드로, 원래는 딱딱해진 남은 빵을
물에 불려 활용하던 농부들의 소박한 한 끼였어요. 남은 빵도 이렇게 근사한 요리가 될 수 있다니!
가볍지만 든든한 한 끼로 판자넬라, 꼭 한번 해보세요.

조리시간 20~25분 / 1회분

- 곡물 식빵 1장
- 오이 1/4개(50g)
- 완숙토마토 1개(150g)
- 적양파 1/10개(또는 양파, 20g)
- 블랙올리브 6개
- 바질잎 10g
- 올리브유 약간

발사믹 비네그레트 드레싱
- 올리브유 2큰술
- 발사믹식초 1큰술
- 디종 머스터드 1/2작은술
  (또는 홀그레인 머스터드)
- 소금 약간
- 후춧가루 약간

1 곡물 식빵은 한입 크기로 썬다.

2 볼에 곡물 식빵, 올리브유를 넣고 버무린다.

3 오븐 팬이나 바스켓에 곡물 식빵을 올려
   180℃에서 6~8분간 굽는다.
   * 팬에서 구울 때는 달군 팬에 올려 중약 불에서
   뒤집어가며 5~7분간 노릇하게 구워요.

4 토마토는 큼직하게 썰고, 오이는 반달 모양으로 썬다.
   적양파는 얇게 슬라이스한 후 찬물에 5분간 담가
   매운맛을 뺀 후 물기를 제거한다. 블랙올리브는
   2~3등분한다.

5 볼에 드레싱 재료를 넣어 골고루 섞는다.

6 접시에 모든 재료를 담고 드레싱을 곁들인다.

Salad Note

☑ 빵을 바삭하게 구워 사용해야
드레싱을 머금어도 질척이지 않아요.

☑ 드레싱에 버무린 뒤 5~10분 정도 두었다가 먹으면
빵과 채소에 맛이 자연스럽게 어우러져 더 맛있어요.

1

2

3

4

5

시트러스 아보카도 샐러드 + 오렌지 메이플 드레싱

홈파티에 특히 추천하는 샐러드예요.
상큼한 자몽과 오렌지, 부드러운 아보카도가 들어가 맛도 좋고 화려한 플레이팅도 완성할 수 있어요.
입맛 없을 때 먹으면 기분까지 좋아지는 과일샐러드랍니다.

조리시간 20~25분 / 1회분

- 자몽 1/2개
- 오렌지 1/2개
- 아보카도 1/2개
- 통후추 간 것 약간

오렌지 메이플 드레싱
- 오렌지즙 1큰술(또는 오렌지주스)
- 레몬즙 1/2큰술
- 메이플시럽 1작은술
- 올리브유 2큰술
- 소금 약간
- 후춧가루 약간

1 자몽, 오렌지는 겉껍질과 속껍질을
칼로 도려내고 과육만 얇게 슬라이스한다.
★ 기호에 따라 40쪽을 참고해
과육만 도려내 사용해도 좋아요.

2 아보카도는 껍질과 씨를 제거한 후
모양대로 슬라이스한다.
★ 아보카도는 썰자마자 공기와 닿으면 갈변하니
먹기 전에 손질하거나 레몬즙을 살짝 뿌려두세요.

3 볼에 드레싱 재료 중 오렌지즙, 레몬즙, 메이플시럽을 넣고
먼저 섞은 후 나머지 재료를 넣어 골고루 섞는다.

4 그릇에 자몽, 오렌지, 아보카도를 겹치듯이 담고
드레싱, 통후추 간 것을 뿌린다.

Salad Note

✓ 꿀이나 시럽이 들어가는 드레싱은 먼저 산미 재료(레몬즙, 오렌지즙 등)와 섞은 후 오일을 넣어야 분리되지 않아요.

✓ 드레싱은 먹기 직전에 뿌려야 과일의 수분이 빠지지 않고 신선한 식감을 유지할 수 있어요.

✓ 기호에 따라 민트잎이나 다진 피스타치오를 뿌려도 좋아요.

오이 래디시 샐러드 + 갈릭 요거트 드레싱

5분 만에 완성하는 아삭하고 크리미한 오이샐러드입니다.
오이, 딜, 래디시가 어우러져 입안에 청량함이 가득해요.
통밀 토스트에 올려 한 끼로 즐기거나, 고기 요리 옆에 사이드 메뉴로 곁들여도 잘 어울립니다.

조리시간 20~25분 / 1회분

- 오이 1/2개(100g)
- 래디시 50g
- 딜 5g(또는 바질, 파슬리, 민트)

갈릭 요거트 드레싱
- 무가당 그릭 요거트 2큰술(60g)
- 올리브유 1큰술
- 화이트 발사믹식초 1큰술
  (또는 레몬즙 1큰술 + 알룰로스 약간)
- 다진 마늘 1작은술
  (생략 가능, 또는 마늘 가루)
- 소금 약간
- 후춧가루 약간

1 오이, 래디시는 0.1~0.2cm 두께로 얇게 슬라이스한다.
딜은 잎 부분만 골라 잘게 다진다.
* 슬라이서를 사용하면 더 얇고 고르게 썰 수 있어요.

2 볼에 드레싱 재료를 넣어 골고루 섞는다.

3 큰 볼에 오이, 래디시, 딜을 넣고 드레싱을 부어
가볍게 버무린다.

◇ 오이 식감을 꼬들하게 즐기고 싶다면, 슬라이스한 오이에 소금을 살짝 뿌려
5분간 절인 후 키친타월로 물기를 제거해 사용하세요.

◇ 빵 위에 올려 먹을 때는 버터나 크림치즈를 얇게 바른 후
샐러드를 올리면 더 풍성한 맛을 즐길 수 있어요.

구운 가지와 토마토살사 샐러드 + 갈릭 발사믹 드레싱

물컹한 식감 때문에 가지를 멀리했다면, 이 샐러드 한 접시로 인식이 완전히 달라질 거예요.
기름 없이 가지를 구우면 고기처럼 쫄깃한 식감으로 즐길 수 있어요. 상큼한 드레싱을 곁들이면 샐러드로 가볍게
즐기기 좋고, 양조간장이나 참기름을 약간 섞으면 고급스러운 한식 상차림에도 잘 어울린답니다.

조리시간 25~30분 / 1회분

- 가지 1개(또는 애호박, 약 150g)
- 토마토 1/2개(75g)
- 양파 1/10개(20g)
- 이탈리안 파슬리 5줄기
- 햄프씨드 약간(또는 견과류, 통깨, 생략 가능)

갈릭 발사믹 드레싱

- 올리브유 2큰술
- 레몬즙 1큰술
- 발사믹식초 1큰술
- 다진 마늘 1작은술
- 소금 약간
- 후춧가루 약간

1 가지는 어슷 썬다. 양파와 토마토, 이탈리안 파슬리는
잘게 다진다. 양파는 찬물에 5분간 담가 매운맛을 뺀 후
물기를 제거한다.

2 달군 팬에 기름을 두르지 않고 가지를 올려
중간 불에서 앞뒤로 2~3분씩 노릇하게 굽는다.
★ 에어프라이어로 구울 때는 180℃에서 10분간 구워요.

3 볼에 드레싱 재료를 모두 넣고 골고루 섞는다.
다진 양파, 토마토, 이탈리안 파슬리를 넣고 버무린다.

4 접시에 구운 가지를 넓게 펼쳐 담고 ③을 올린 후
햄프씨드를 뿌린다.

◎ 드레싱을 만들 때 발사믹식초 대신 양조간장 1작은술, 참기름 1/2큰술을 넣어
한식 스타일 드레싱으로 변형해서 곁들여도 잘 어울려요.

시저 샐러드 + 시저 드레싱

로메인에 크루통, 파르미지아노 레지아노 치즈, 그리고 고소하고 짭조름한
시저 드레싱을 곁들인 클래식한 샐러드예요. 드레싱에는 마요네즈, 레몬즙, 마늘,
파르미지아노 레지아노 치즈와 함께 감칠맛을 더해주는 앤초비가 들어가는 것이 특징인데요,
치킨이나 새우, 삶은 달걀 등을 더하면 든든한 한 끼 샐러드로 좋답니다.

조리시간 30~35분 / 1회분

- 로메인 60g
- 삶은 달걀 1개
- 통밀 식빵 1장(또는 바게트)
- 앤초비 2~3조각(생략 가능)
- 파르미지아노 레지아노 치즈 간 것 약간

시저 드레싱
- 앤초비 2조각(또는 액젓 1작은술, 생략 가능)
- 파르미지아노 레지아노 치즈 간 것 1큰술
- 마요네즈 1큰술(또는 무가당 그릭 요거트)
- 레몬즙 1/2큰술
- 디종 머스터드 1작은술
- 다진 마늘 1/2작은술
- 소금 약간
- 후춧가루 약간

1 로메인은 포기째 2등분하거나 한입 크기로 뜯어
찬물에 담가 아삭하게 만든 후 물기를 완전히 제거한다.
★ 로메인은 칼보다 손으로 뜯는 것이
식감도 살아있고, 갈변도 줄일 수 있어요.

2 통밀 식빵은 한입 크기로 깍둑 썬다.
삶은 달걀은 4등분한다.

3 오븐 팬이나 바스켓에 곡물 식빵을 올려
180°C에서 6~8분간 굽는다.
★ 팬에서 구울 때는 달군 팬에 올려
중약 불에서 뒤집어가며 5~7분간 노릇하게 구워요.

4 볼에 드레싱 재료를 넣어 골고루 섞는다.

5 접시에 로메인, 삶은 달걀, 크루통, 파르미지아노 레지아노
치즈 간 것을 담고 드레싱을 뿌려 마무리한다.

✓ 크루통을 만들 때 올리브유, 다진 마늘, 허브 솔트를
섞은 후 빵에 버무려 구우면 더욱 풍미가 좋아요.

1

2

3

4

무화과 치즈 샐러드 + 발사믹 드레싱

달콤한 무화과, 고소한 치즈, 신선한 채소가 어우러진, 늦여름의 정취를 담은 샐러드예요.
자연스러운 단맛을 가진 무화과는 그 자체로도 충분히 특별하지만, 샐러드로 즐기면 더 맛있게 먹을 수 있어요.
손님 초대용으로도, 혼자만의 여유로운 브런치 타임에도 완벽한 메뉴입니다.

조리시간 25~30분 / 1회분

- 무화과 3개(또는 복숭아, 자두, 배, 포도 등)
- 보코치니 치즈 100g
  (또는 모짜렐라 치즈, 부라타 치즈, 리코타 치즈, 페타 치즈)
- 미니 로메인 1줌(40g)
- 프로슈토 2장(또는 잠봉)
- 호두 2큰술(또는 다른 견과류)

발사믹 드레싱
- 올리브유 2큰술
- 발사믹식초 1큰술(또는 화이트 발사믹식초)
- 레몬즙 1큰술
- 소금 약간
- 후춧가루 약간

1 무화과는 깨끗이 씻어 꼭지를 제거하고 4등분한다.
보코치니 치즈는 물기를 제거한다.

2 미니 로메인은 찬물에 헹궈 기친다윌로 물기를
닦아낸다.

3 마른 팬을 달궈 호두를 올린 후
약한 불에서 살짝 구운 후 한 김 식힌다.

4 볼에 드레싱 재료를 넣어 골고루 섞는다.

5 접시에 미니 로메인을 담고 무화과, 보코치니 치즈,
호두, 프로슈토를 올리고 드레싱을 곁들인다.
***** 프로슈토는 한 번 꼬아 올리거나 자연스럽게 말아 올리면
플레이팅이 훨씬 고급스러워 보여요.

Salad Note

✓ 너무 무른 무화과는 모양이 쉽게 무너져요.
살짝 단단한 상태의 무화과로 선택해야
식감도 좋고 보기에도 예뻐요.

구운 미니 양배추와 사과 샐러드
+ 발사믹 머스터드 드레싱

고소하게 구운 미니 양배추(브뤼셀스프라우트)에 아삭한 사과와 바삭한 베이컨, 고소한 피칸과
파르미지아노 레지아노 치즈가 더해진 풍성한 샐러드예요. 미니 양배추를 구우면 특유의 쌉쌀한 맛이
부드러워져요. 여기에 새콤달콤한 드레싱과 짭짤한 베이컨을 곁들이면 정말 맛있답니다.
식사처럼 든든하면서도, 사이드 메뉴로 곁들이기에도 좋은 샐러드예요.

조리시간 30~35분 / 1회분

- 미니 양배추 100g
- 사과 1/2개(중간 사이즈, 65g)
- 베이컨 2줄
- 피칸 2큰술(또는 다른 견과류)
- 올리브유 1큰술
- 소금 약간
- 파르미지아노 레지아노 치즈 간 것 약간

발사믹 머스터드 드레싱
- 올리브유 2큰술
- 발사믹식초 1큰술
- 디종 머스터드 1작은술(또는 홀그레인 머스터드)
- 꿀 1작은술
- 소금 약간
- 후춧가루 약간

1 미니 양배추는 겉잎을 제거한 후 2등분하다.
사과는 껍질째 얇게 슬라이스한다.
베이컨은 1cm 폭으로 썬다. 피칸은 굵게 부순다.
* 사과는 미리 썰어놓을 경우 갈변을 막기 위해
레몬즙을 살짝 뿌려두세요.

2 달군 팬에 올리브유를 두르고 미니 양배추, 소금을 넣고
중강 불에서 6분간 노릇하게 구운 후 덜어둔다.
* 약한 불에서는 수분이 빠지지 않아 눅눅해져요.
불세기를 높여 겉면이 살짝 바삭하게 구워야
식감이 살아나요.

3 팬을 다시 달궈 베이컨을 올린 후
중간 불에서 3분간 앞뒤로 바삭하게 구워
키친타월 위에 올려 기름을 제거한다.

4 볼에 드레싱 재료를 넣어 골고루 섞는다.

5 그릇에 미니 양배추, 사과, 베이컨, 피칸을 담고
파르미지아노 레지아노 치즈를 뿌린 후
드레싱을 곁들인다.

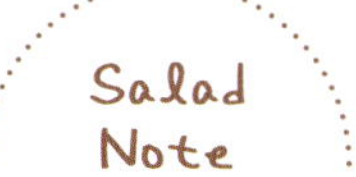

✓ 베이컨은 너무 잘게 썰면 씹는 맛이 줄어들 수 있어요.
✓ 피칸 대신 좋아하는 견과류로 대체해도 좋아요.

2

3

4

쌈 싸 먹는 두부 샐러드 + 땅콩버터 드레싱

쌈 싸 먹는 샐러드는 다양한 채소, 단백질 재료, 견과류 등을 쌈채소 위에 올려
한입 크기로 싸서 즐기는 형태의 샐러드예요. 한국의 쌈 문화와 닮은 면이 있죠.
소스와 재료에 따라 아시아식, 지중해식, 퓨전 스타일로 다양하게 응용할 수 있어요.
포크나 나이프 없이도 먹기 편하고, 다양한 재료를 한 번에 먹을 수 있어 영양 균형도 좋답니다.

조리시간 30~35분 / 1회분

- 두부 80g
- 쌈채소 6장
- 양배추 1장(손바닥 크기, 약 30g)
- 당근 1/4개(50g)
- 적양파 1/10개(또는 양파, 20g)
- 다진 견과류 1큰술(또는 햄프씨드)
- 올리브유 1큰술

땅콩버터 드레싱
- 무가당 땅콩버터 1큰술
- 레몬즙 1큰술
- 양조간장 1큰술
- 발사믹식초 1/2큰술
- 다진 마늘 1작은술
- 참기름 1작은술

1 두부는 키친타월로 감싸 눌러 물기를 제거하고,
작게 깍둑 썬다.

2 양배추, 당근, 적양파는 가늘게 채 썬다.
적양파는 찬물에 5분간 담가 매운맛을 뺀 후
물기를 제거한다.

3 쌈채소는 씻어서 물기를 제거한다.

4 달군 팬에 올리브유를 두르고 두부를 올려 중약 불에서
앞뒤가 노릇해지고 겉이 살짝 바삭해질때까지 굽는다.

5 볼에 드레싱 재료를 모두 넣고
땅콩버터가 부드럽게 풀리도록 골고루 섞는다.
* 땅콩버터가 뻑뻑하다면 레몬즙을 먼저 넣고
푼 다음 나머지를 섞으면 더 잘 풀려요.

6 접시에 쌈채소를 펼치고 채 썬 채소, 구운 두부를 올린다.
드레싱을 1작은술씩 더하고, 다진 견과류를 뿌린다.

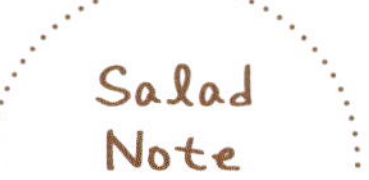

Salad Note

✓ 구운 두부 대신 구운 생새우살이나 템페를
곁들여도 잘 어울려요.

1

2

3

4

5

구운 두부와 메밀면 샐러드 + 땅콩버터 오리엔탈 드레싱

구수하고 담백한 메밀면을 베이스로 한 메밀면 샐러드는 가볍지만 든든한 한 끼를 원하는 분들에게
완벽한 메뉴입니다. 식단 관리 중에도 면 요리를 표기할 수 없을 때, 신선한 채소와 함께 즐겨보세요.
특히 날씨가 더워 입맛이 없을 때, 뜨겁게 조리할 필요 없이 삶은 면과 채소, 드레싱만 있으면
간단하게 한 접시를 뚝딱 만들 수 있어요.

조리시간 30~35분 / 1회분

- 메밀면(건면) 60g
- 두부 1/3모
- 적양배추 1장
  (손바닥 크기, 30g)
- 당근 1/5개(40g)
- 오이 1/4개(50g)
- 잎채소 1줌(40g)
- 올리브유 1큰술

땅콩버터 오리엔탈 드레싱
- 무가당 땅콩버터 1큰술
- 레몬즙 1큰술
- 발사믹식초 1작은술
- 양조간장 1큰술
- 다진 마늘 1작은술
- 참기름 1작은술
- 후춧가루 약간
- 통깨 약간
- 물 1~2큰술(농도 조절용)

1 두부는 키친타월에 감싸 눌러 물기를 뺀 후
1cm 두께로 썬다.
* 두부는 수분을 잘 빼야 바삭하게 구워져요.

2 적양배추, 당근은 가늘게 채 썬다.
오이는 필러로 얇게 썬다 잎채소는 한입 크기로 뜯는다.
* 오이도 당근 크기로 얇게 채 썰어도 좋아요.

3 냄비에 물을 넉넉하게 넣고 끓인 후
메밀면을 넣고 포장지에 적인 시간대로 익힌다.
찬물에 헹궈 체에 밭쳐 물기를 제거한다.

4 달군 팬에 올리브유를 두르고 두부를 올려
중약 불에서 앞뒤로 노릇하게 굽는다.

5 볼에 드레싱 재료를 넣어 골고루 섞는다.
* 너무 되직하면 물을 조금씩 더 넣어가며
원하는 농도로 맞추세요.

6 그릇에 메밀면, 구운 두부, 채소를 담고 드레싱을 곁들인다.

Salad Note

✓ 오이는 소금에 살짝 절이면 수분이 빠져
식감이 더 좋아지니 기호에 따라 소금 약간에 절인 후
물기를 가볍게 짠 후 사용해도 좋아요.

연두부 낫토 샐러드 + 들깨 간장 드레싱

부드러운 연두부에 고소한 들깨 드레싱을 곁들인 담백한 한식 샐러드입니다.
깻잎의 향긋함과 들깨의 진한 풍미가 어우러져 한 끼 식사로 즐기기 좋고,
낫토를 더해 단백질과 장 건강까지 챙길 수 있는 균형 잡힌 메뉴예요.
연두부와 낫토를 숟가락으로 함께 떠 먹으면 낫토가 처음인 분들도 부담 없이 즐길 수 있습니다.

조리시간 15~20분 / 1회분

- 연두부 1팩(약 100g)
- 낫토 1팩
- 잎채소 1줌(40g)
- 깻잎 3장
- 검은깨 약간(생략 가능)

들깨 간장 드레싱

- 들깨가루 2큰술
- 양조간장 1/2큰술
- 꿀 1큰술
- 올리브유 1큰술
- 참기름 1/2큰술
- 애플사이다비네거 1큰술(또는 레몬즙)
- 물 1~2큰술(농도 조절용)

1 잎채소는 한입 크기로 뜯고,
깻잎은 돌돌 말아서 가늘게 채 썬다.

2 낫토는 실이 충분히 생기도록 섞는다.

3 볼에 드레싱 재료를 넣어 골고루 섞는다.
* 농도는 요거트보다 살짝 묽은 정도가 좋아요.
물을 조금씩 넣어가며 농도를 조절하세요.

4 그릇에 잎채소을 담고 연두부를 숟가락으로
큼찍하게 떠 올린 후 낫토, 깻잎, 검은깨, 드레싱을
곁들인다.

⊘ 연두부와 낫토를 한입에 먹어야 맛있어요.

파인애플 새우 샐러드 + 오렌지 요거트 드레싱

달콤하고 상큼한 풍미로 입맛을 돋우는 파인애플 새우 샐러드를 소개합니다.
새우의 감칠맛과 파인애플의 천연 단맛이 어우러져 복잡한 시즈닝 없이도 풍성한 맛을 낸답니다.
색다른 샐러드를 원한다면 꼭 만들어보길 추천해요.

조리시간 30~35분 / 1회분

- 파인애플 40g(두께 1cm, 슬라이스 2조각)
- 냉동 생새우살 5~6마리
- 루콜라 20g
- 오이 1/4개(50g)
- 적양파 1/10개(또는 양파, 20g)
- 아보카도 1/2개

오렌지 요거트 드레싱
- 오렌지즙 1/2개분(또는 오렌지주스)
- 무가당 그릭 요거트 2큰술
- 올리브유 1큰술
- 레몬즙 1작은술
- 꿀 1작은술(또는 메이플시럽)
- 소금 약간
- 후춧가루 약간

1 냉동 생새우살은 찬물에 10분가 담가 해동하다.
루콜라는 한입 크기로 뜯는다.
오이와 적양파는 얇게 슬라이스한다.
적양파는 찬물에 5분 정도 담가 매운맛을 뺀 후
물기를 제거한다. 파인애플은 한입 크기로 썬다.
★ 파인애플 통조림일 경우 물기를 잘 빼고 사용하세요.

2 아보카도는 껍질과 씨를 제거한 후 슬라이스한다.
★ 자르자마자 공기와 닿으면 갈변하니 먹기 전에
손질하거나 레몬즙을 살짝 뿌려두세요.

3 끓는 물에 소금 약간, 생새우살을 넣어
1분 30초간 데친 후 물기를 제거한다.
★ 새우는 과하게 익히면 질겨지니 짧게 익히세요.

4 볼에 드레싱 재료를 넣어 골고루 섞는다.

5 접시에 모든 재료를 담고 드레싱을 곁들인다.

Salad
Note

◎ 기호에 따라 견과류나 코코넛칩을 토핑으로 더하면
더욱 고급스러운 맛으로 즐길 수 있어요.
◎ 매콤한 맛을 선호한다면
드레싱에 크러시드 페퍼를 추가해보세요.
◎ 오렌지즙 대신 파인애플 2조각을 블렌더에 넣고 갈아서
드레싱을 만들어도 좋아요.

새우 쌀국수 샐러드 + 땅콩 간장 드레싱

쫄깃한 버미셀리(얇은 쌀국수), 아삭한 채소, 고소한 땅콩 드레싱이 어우러진
아시안 퓨전 샐러드예요. 한입 먹으면 월남쌈의 익숙한 맛이 떠오를 거예요.
가볍지만 든든한 한 끼로 제격이고, 은은한 매콤함이 더해져 누구나 부담 없이 즐기기 좋답니다.

조리시간 30~35분 / 1회분

- 버미셀리 50g(얇은 쌀국수)
- 냉동 생새우살 5~6마리
- 오이 1/4개(50g)
- 당근 1/4개(50g)
- 적양파 1/10개
  (또는 양파, 20g)
- 루콜라 1줌(20g)
- 방울토마토 4개(60g)
- 다진 땅콩 1큰술

땅콩 간장 드레싱
- 무가당 땅콩버터 1큰술
- 양조간장 1큰술
  (또는 한식간장 1/2큰술)
- 스리라차 소스 1큰술
- 레몬즙 1/2큰술
- 참기름 1/2큰술
- 다진 마늘 1작은술
- 꿀 1작은술
- 물 1~2큰술(농도 조절용)

1 냄비에 물을 넉넉히 넣고 끓기 시작하면
버미셀리를 넣고 3분간 삶는다.
찬물에 헹궈 체에 밭쳐 물기를 제거한다.
★ 버미셀리는 오래 삶으면 쉽게 퍼지기 때문에,
포장지에 적힌 시간에 맞춰 삶아요.

2 오이, 낭근, 석앙싸는 얇게 채 썬나.
적양파는 찬물에 5분간 담가 매운맛을 뺀 후 물기를 제거한다.
루콜라는 한입 크기로 뜯는다. 방울토마토는 2등분한다.
★ 채소는 얇게 썰수록 드레싱이 잘 배고, 식감도 좋아요.

3 냉동 생새우살은 찬물에 10분간 담가 해동한다.
끓는 물에 넣고 1분 30초간 데친 후 한 김 식힌다.

4 볼에 드레싱 재료를 넣어 골고루 섞는다.
★ 땅콩버터가 잘 풀어지지 않을 때는 전자레인지에
5~10초 정도 돌려 부드럽게 만든 후 섞으면 잘 섞여요.
드레싱이 너무 되직하면 물을 넣어가며 농도를 조절하세요.

5 큰 볼에 모든 재료를 넣고 드레싱을 넣고 버무린 후
다진 땅콩을 곁들인다.

Salad Note

✓ 냉동 생새우살 대신 구운 닭가슴살이나
구운 두부를 곁들여도 잘 어울려요.

✓ 고수를 곁들이면 더욱 이국적인 풍미를 더할 수 있어요.

광어 오렌지 세비체 샐러드 + 오렌지 제스트 드레싱

입안에서 사르르 녹는 신선한 생선회와 상큼한 시트러스의 조화, 이국적인 매력의 '세비체'를 소개할게요.
세비체는 라틴 아메리카에서 사랑받는 해산물 요리로, 생선이나 해산물을 레몬이나 라임즙에 살짝 절여 산뜻하게
즐기는 방식이에요. 해산물을 과즙에 마리네이드하기 때문에, 더운 날씨에도 가볍게 즐기기 딱 좋은 메뉴랍니다.

조리시간 25~30분 / 1회분

- 광어회 100g(또는 도미회, 농어회, 연어회)
- 오렌지 1/2개
- 적양파 1/10개(또는 양파, 20g)
- 허브 3~4줄기(딜, 고수, 이탈리안 파슬리 등)

오렌지 제스트 드레싱
- 오렌지 제스트 1큰술
- 레몬즙 2큰술(또는 라임즙)
- 올리브유 2큰술
- 소금 약간
- 후춧가루 약간

1 광어회는 0.5~1cm 두께의 한입 크기로 썬다.
   * 광어를 너무 얇게 썰면 레몬즙에 금방 흐물거려요.

2 오렌지는 40쪽을 참고해 과육만 떼어낸다.
   적양파는 얇게 채 썬 후 찬물에 5분 정도 담가
   매운맛을 뺀 후 체에 밭쳐 물기를 제거한다.
   허브는 굵게 썬다.

3 큰 볼에 드레싱 재료를 넣어 골고루 섞는다.

4 ③의 볼에 광어회를 넣어 5~10분간 재운다.

5 접시에 드레싱에 재운 광어회, 오렌지, 적양파를 담고
   허브를 곁들인다.

Salad Note

☑ 오렌지 제스트를 만들 때는 껍질을
식초물(물 5컵 + 식초 2큰술)이나 베이킹소다를 탄 물에
5분 정도 담가 깨끗이 씻은 후 키친타월로 물기를 닦아요.
마이크로 플레인이나 강판에
오렌지 겉의 주황색 껍질 부분만 살짝 갈아내요.

통오징어 버터구이 샐러드
+ 레몬 허브 비네그레트 드레싱

비주얼도, 맛도 최고! 간단하지만 폼 나는 홈파티 메뉴로 딱 좋은 통오징어 버터구이 샐러드를
꼭 추천하고 싶어요. 탱글탱글한 통오징어를 버터에 노릇하게 구워 풍미를 더하고, 상큼한 드레싱과 신선한 채소를
곁들이면 가볍지만 완성도 높은 한 접시가 완성돼요. 입맛 없는 날에도 부담 없이 즐기기 좋은 메뉴랍니다.

조리시간 30~35분 / 1회분

- 통오징어(몸통만) 1마리
- 잎채소 1줌(40g)
- 루콜라 10g
- 방울토마토 4개(60g)
- 적양파 1/10개
  (또는 양파, 20g)
- 버터 1작은술
- 레몬 제스트 약간

레몬 허브 비네그레트 드레싱
- 올리브유 2큰술
- 레몬즙 1큰술
- 디종 머스터드 1작은술
- 꿀 1작은술
- 소금 약간
- 후춧가루 약간
- 다진 파슬리 10g
  (또는 말린 파슬리 약간)

1 잎채소, 루콜라는 한입 크기로 뜯고, 방울토마토는 2등분한다.
적양파는 얇게 채 썬 후 찬물에 5분간 담가 매운맛을 뺀 후
물기를 제거한다.

2 오징어는 내장을 제거하고 깨끗하게 씻은 후 물기를 제거한다.
몸통 양면에 1cm 간격으로 칼집을 넣는다.
* 칼집은 너무 깊지 않게, 속살이 살짝 보일 정도로
얇게 넣는 것이 좋아요. 칼집을 넣으면 익을 때 모양이 예쁘고
식감도 부드러워져요.

3 달군 팬에 버터를 넣고 녹인 후 오징어를 올려
중간 불에서 앞뒤로 2분씩 노릇하게 굽는다.
* 너무 오래 구우면 질겨질 수 있으니 굽는 시간을 지켜주세요.

4 볼에 드레싱 재료를 넣어 골고루 섞는다.

5 접시에 채소를 넓게 깔고, 방울토마토, 적양파, 통오징어를
올린 후 레몬 제스트를 뿌리고 드레싱을 곁들인다.

Salad Note

⊘ 레몬 제스트를 만들 때는 껍질을
식초물(물 5컵 + 식초 2큰술)이나 베이킹소다를 탄 물에
5분 정도 담가 깨끗이 씻은 후 키친타월로 물기를 닦아요.
마이크로 플레인이나 강판에
레몬 겉의 노란색 껍질 부분만 살짝 갈아내요.

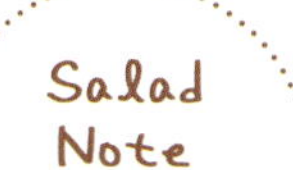

치킨 키위 샐러드 + 키위 드레싱

겉은 바삭하고 속은 촉촉한 닭다리살은 비타민의 보고인 키위와 궁합이 잘 맞아요.
샐러드 토핑은 물론 드레싱에도 키위를 넣어 상큼함을 더 끌어올렸어요. 키위에 단백질을 분해하는
효소가 있어 더 부드러운 닭고기의 식감을 즐길 수 있고, 소화에도 도움이 되어요.

조리시간 25~30분 / 1회분

- 닭다리살 1쪽(100g)
- 잎채소 1줌(40g)
- 양파 1/10개(20g)
- 키위 1/2개
- 소금 약간

키위 드레싱

- 키위 1/2개(또는 파인애플)
- 마늘 1개
- 올리브유 1큰술
- 레몬즙 1큰술
- 소금 약간
- 후춧가루 약간

1 닭다리살은 소금을 뿌려 간을 한다.

2 잎채소는 한입 크기로 뜯고, 양파는 채 썬 후
산물에 5분간 담가 매운맛을 뺀 후 물기를 세서한나.
키위 1/2개는 한입 크기로 썬다.

3 달군 팬에 닭다리살 껍질이 아래로 가도록 올린 후
중간 불에서 노릇하고 바삭하게 굽는다.
익힌 후 1~2분간 식혀 한입 크기로 썬다.

4 블렌더에 드레싱 재료를 모두 넣고 곱게 간다.
* 드레싱이 너무 묽으면 올리브유를 조금 더 추가해
농도를 조절해요.

5 접시에 잎채소를 깔고 닭다리살, 키위, 양파를 올린 뒤
드레싱을 곁들인다.

Salad
Note

너무 덜 익은 키위는 떫고, 너무 익은 건 묽으니
적당히 부드러운 상태인 것을 고르세요.

훈제오리 오렌지 샐러드 + 오렌지 간장 드레싱

기름지고 무거운 고기 요리가 부담스러울 때, 이렇게 가볍고 세련된 조합은 어떠세요?
은은한 훈제 향과 달콤한 오렌지가 잘 어우러진 샐러드예요. 한 끼 식사로도 든든하고, 와인에 곁들여도 좋아요.
특별한 날, 조금 더 근사한 식탁을 차리고 싶을 때 이 샐러드 하나면 충분하답니다.

조리시간 30~35분 / 1회분

- 훈제오리 슬라이스 80g
- 오렌지 1/2개
- 잎채소 1줌(40g)
- 루콜라 10g
- 적양파 1/10개(또는 양파, 20g)

오렌지 간장 드레싱

- 오렌지즙 2큰술(또는 오렌지주스)
- 레몬즙 1/2큰술
- 양조간장 1큰술
- 올리브유 2큰술
- 꿀 1작은술(또는 메이플시럽)
- 다진 마늘 1작은술
- 후춧가루 약간

1 잎채소, 루콜라는 한입 크기로 뜯는다.
적양파는 얇게 슬라이스한 뒤 찬물에 5분간 담가
매운맛을 뺀 후 물기를 제거한다.

2 오렌지는 40쪽을 참고해 과육만 떼어낸다.
* 오렌지즙이 나와도 버리지 말고
드레싱에 활용해도 좋아요.

3 달군 팬에 훈제오리는 껍질이 있는 쪽부터 올려
중약 불에서 앞뒤로 1~2분씩 노릇하게 굽는다.
한 김 식힌 후 먹기 좋은 크기로 썬다.

4 볼에 드레싱 재료를 넣어 골고루 섞는다.

5 접시에 손질한 채소, 오렌지, 구운 훈제오리를 담고
드레싱을 곁들인다.

✅ 좀 더 든든하게 즐기고 싶다면
통곡물밥이나 익힌 퀴노아를 곁들여도 좋아요.

1

2

3

4

항정살 참나물 샐러드 + 허니 오리엔탈 드레싱

고소하고 쫄깃한 항정살 구이와 향긋한 참나물이 들어간 근사한 한식 스타일 샐러드예요.
씹을수록 고소한 육즙이 터지는 항정살과 참나물의 쌉싸름하고 청량한 향이 참 잘어울려요.
한식 상차림에도, 특별한 날에도 어울리는 고급스러운 메뉴예요.

조리시간 30~35분 / 1회분

- 항정살 100g
- 참나물 1줌
- 방울토마토 4개(60g)
- 적양파 1/10개(또는 양파, 20g)

허니 오리엔탈 드레싱
- 올리브유 2큰술
- 애플사이다비네거 1큰술(또는 레몬즙)
- 양조간장 1큰술(또는 한식간장 1/2큰술)
- 꿀 1/2큰술
- 통깨 간 것 1큰술
- 다진 마늘 1/2작은술
- 참기름 1작은술
- 후춧가루 약간

1 참나물은 2~3등분한다. 방울토마토는 2등분하고,
적양파는 얇게 채 썬 후 찬물에 5분간 담가
매운맛을 제거한 후 물기를 뺀다.

2 달군 팬에 기름을 두르지 않고 항정살을 올려
중간 불에서 6분간 노릇하게 구운 후 한입 크기로 썬다.

3 볼에 드레싱 재료를 넣어 골고루 섞는다.

4 볼에 참나물, 토마토, 적양파를 담고
드레싱 1/2분량을 넣어 살살 버무린다.

5 그릇에 ④를 담고 항정살을 올린 후
남은 드레싱을 곁들인다.

✓ 토마토 대신 사과나 배를 곁들이고,
참나물 대신 무순으로 대체해도 좋아요.

1

2

3

4

불고기 파스타 샐러드 + 메이플 간장 드레싱

불고기는 한국인이라면 누구나 좋아하는 국민 메뉴죠. 이 불고기를 색다르게 즐길 수 있는 방법,
바로 파스타 샐러드입니다. 담백하게 구운 소불고기와 쫄깃한 파스타, 상큼한 채소가 어우러져 든든하면서도
무겁지 않은 메뉴예요. 달콤 짭조름한 간장 베이스 드레싱은 호불호 없이 누구나 즐길 수 있는 맛이랍니다.

조리시간 35~40분 / 1회분

- 소고기 불고기용 80g
  (또는 돼지고기 불고기용)
- 스파게티 60g
- 잎채소 1줌(40g)
- 방울토마토 6개(90g)
- 적양파 1/10개
  (또는 양파, 샬롯, 20g)
- 통조림 옥수수 2큰술
- 블랙올리브 6개
- 파르미지아노 레지아노
  치즈 간 것 약간
- 소금 약간
- 올리브유 1/2큰술

메이플 간장 드레싱
- 올리브유 2큰술
- 애플사이다비네거 1큰술
  (또는 레몬즙)
- 양조간장 1큰술
  (또는 한식간장 1/2큰술)
- 메이플시럽 1큰술
- 홀그레인 머스터드 1큰술
- 후춧가루 약간
- 소금 약간

1 소고기는 소금을 약간 뿌린 후 달군 팬에 올려 중간 불에서
노릇하게 굽는다. 한 김 식힌 후 한입 크기로 자른다.
* 양념 불고기를 쓰는 대신 소금만 뿌려 구우면
샐러드 전체 맛이 깔끔하게 살아나요.

2 냄비에 물을 넉넉히 넣고, 물이 끓기 시작하면
스파게티를 넣고 포장지에 적힌 시간보다 1분 덜 삶는다.
스파게티는 찬물에 헹군 뒤 체에 밭쳐 물기를 빼고,
올리브유 1/2큰술을 둘러 코팅해둔다.

3 블랙올리브는 모양대로 썰고, 방울토마토는 손으로 눌러
즙이 살짝 나오도록 으깨어 볼에 담아둔다.
* 방울토마토의 즙을 살짝 내서 넣으면 파스타에
자연스러운 산미가 배어요.

4 잎채소는 한입 크기로 뜯는다. 적양파는 얇게 썰어
찬물에 5분간 담가 매운맛을 뺀 후 물기를 제거한다.

5 볼에 드레싱 재료를 모두 넣어 골고루 섞는다.
큰 볼에 드레싱과 나머지 재료를 모두 넣고 버무린 후
그릇에 담는다.

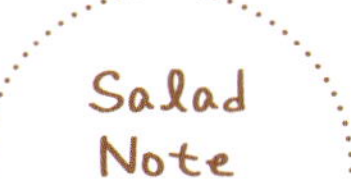

Salad
Note

스파게티 대신 숏파스타로 대체해도 좋아요.

베트남식 부채살 샐러드 + 스파이시 피시소스 드레싱

베트남 현지의 싱그러움을 그대로 담아낸 '고이보' 샐러드예요.
고이보는 베트남어로 소고기 샐러드를 뜻하는데, 기름지지 않고 담백하면서도 새콤짭짤한 특유의 드레싱이
정말 매력적이고, 향긋한 허브까지 더해져 이국적인 풍미를 느낄 수 있어요.

조리시간 40~45분 / 1회분

- 소고기 부채살 150g(등심 또는 채끝)
- 잎채소 1줌(40g)
- 오이 1/4개(50g)
- 방울토마토 4개(60g)
- 적양파 1/10개(또는 양파, 20g)
- 고수 3~4대(생략 가능)
- 다진 땅콩 1큰술(또는 캐슈넛)
- 소금 약간
- 후춧가루 약간

스파이시 피시소스 드레싱

- 피시소스 1큰술(또는 액젓 1/2큰술)
- 라임즙 1큰술(또는 레몬즙)
- 화이트 발사믹식초 1큰술(또는 식초 1큰술 + 알룰로스 약간)
- 물 1큰술
- 송송 썬 청양고추 1큰술
- 다진 마늘 1작은술

1 소고기에 소금, 후춧가루를 뿌려 10분 정도 실온에 둔다.

2 오이는 모양대로 얇게 썰고, 방울토마토는 2~4등분한다.
적양파는 얇게 채 썬 후 찬물에 5분간 담가
매운맛을 뺀 후 물기를 제거한다. 고수는 굵게 다진다.

3 센 불로 달군 팬에 소고기를 올려 앞뒤로
1분 30초~2분씩 굽는다.
★ 고기를 굽기 전 팬은 충분히 예열해야
겉면이 빠르게 익고 육즙이 잘 가둬져요.

4 볼에 드레싱 재료를 넣어 골고루 섞는다.
★ 더 부드럽고 고소한 맛을 원한다면 약간의 참기름을
추가해도 좋아요. 드레싱이 짜면 물을 추가해요.
피시소스가 없다면 집에서 사용하는 참치액젓 등으로
대체해도 좋아요.

5 그릇에 모든 재료를 담고 고수, 다진 땅콩을 곁들인다.

✓ 고수 대신 다른 허브나 깻잎을 사용해도 좋고
소고기 대신 닭가슴살, 새우, 두부를 곁들여도 좋아요.

1

2

3

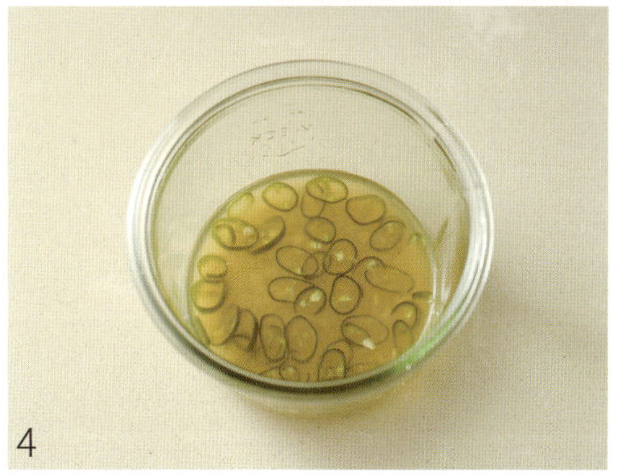

4

INDEX

재료 순

다이어트와 건강 루틴 잡는
요니의
밀프렙 샐러드 습관

1판 1쇄 펴낸 날	2026년 4월 14일

편집장	김상애
책임편집	김민아
디자인	원유경
사진	박형인(studio TOM)
요리 어시스트	이영선
기획·마케팅	내도우리, 홍주미

편집주간	박성주
펴낸이	조준일

펴낸곳	(주)레시피팩토리
주소	서울특별시 용산구 한강대로 95 래미안용산더센트럴 A동 509호
대표번호	02-534-7011
팩스	02-6969-5100
홈페이지	www.recipefactory.co.kr
애독자 카페	cafe.naver.com/superecipe
출판신고	2009년 1월 28일 제25100-2009-000038호

제작·인쇄	(주)대한프린테크

값 26,000원

ISBN 979-11-92366-67-8